暢銷經典版

田口護的咖啡方程式

咖啡之神與科學博士

為你解開控制「香氣」與打造「目標味道」之謎

田口護、旦部幸博——著

黃薇嬪——譯

【前言】

咖啡技術人員與科學家攜手合作

我和一般人一樣，對於所謂「台上一分鐘，台下十年功」的工匠世界充滿敬意，但我不喜歡裝模作樣搞神祕或是故弄玄虛的技術論。縱使明白人情世故，卻也因為我生性一板一眼，所以一聽到「台下練功十年」，八成會要求：「請出示這十年來的練功表。」

我不是科學家，無法客觀分析宇宙萬物的所有現象。然而，就算不懂科學名詞，我還是能夠進行「科學思考」。假設A說：「這個咖啡好喝。」而B說難喝，這個討論就到此結束，因為主觀的評價無法拿到正式場合上討論。但若能夠將這個咖啡定義為「好咖啡／壞咖啡」的話，就能夠進行客觀的品質評價。

一直以來，我都以這種方式面對咖啡。咖啡具備充滿魅力的味道與香氣，而香味的來源，大致可以分為「生豆」、「烘焙」、「萃取」。近年來在精品咖啡問世之後，對於香味的討論十分熱絡，甚至發展出在精製過程中下工夫、引出理想香味的技術。這些目前仍屬於實驗階段，不過的確替咖啡增添了全新的魅力。

因緣際會下，我結識了滋賀醫科大學的旦部幸博教授。他成立並經營人氣網站「百珈苑」，是罕見的咖啡狂熱者，遍讀國內外咖啡文獻。不過他的實務經驗略顯不足，這大概是身為學者的悲哀吧。因此我們二人聯手，互相補足對方欠缺之處，組成能夠為咖啡業界提供貢獻的組合。

突然提起這件事或許有些唐突。我很久以前就知道烘焙肯亞豆時，會出現「黑醋栗的香氣」，而將生豆製作成商品時應採用深度烘焙，也深刻感受到肯亞豆的酸味傾向與其他生產國有些不同。關於這點，旦部先生表示：「優質肯亞豆的硫磺成分、糖、精油類含量高。經過中深度烘焙之後，就會產生黑醋栗的香氣。」

我彷彿得到了百萬援軍，也覺得自己的努力成就了自信。

另外，根據經驗，我知道香味成分會集中在中度烘焙～中深度烘焙這個階段，但我無法提出科學證明，不過只要看了旦部先生製作的「烘焙溼香氣／味覺表」（158～159頁）就能一目了然，各式各樣香味成分出現的高峰期正好集中在這個範圍內。事實上，只要補足曲線圖「高峰」處的厚度，就會產生源源不絕的豐富香味。如何打造味道，正是烘焙人員展現技術的重點，也是烘焙的樂趣所在。

過去仰賴直覺而無法提出理論說明的部分，現在由旦部先生幫忙補足。這本新書從實務與理論兩方面分析咖啡的魅力，至於能夠帶來什麼樣的「好處」，就端看個人的應用了。

田口 護

理論與實務碰撞出火花時

我的本業是研究微生物與基因，也就是所謂生化研究人員，目前正在研究癌症相關的基因。而咖啡研究可說是身為理科人的休閒樂趣，也是我在大學研究室裡負責準備飲料以來斬也斬不斷的緣分。這樣一路走來，也研究了二十多年吧。

提到咖啡研究的魅力，一言以蔽之就是「能夠滿足對於知識的好奇心」。從科學角度來看，「咖啡」十分複雜。我瀏覽了可取得的研究論文，讀過幾十篇、幾百篇之後，漸漸能夠掌握咖啡模糊的輪廓。我在自己的網站「百珈苑」上公開的內容只是滄海一粟罷了。

全世界有為數眾多的咖啡相關研究，分別從化學、生物學、醫學……等各式各樣的角度切入，並且發表成為學術論文。但是一般人幾乎不曾讀過這些論文。

我認識田口護先生已經十五餘年。田口先生不僅是一位咖啡技術人員，也是知名的咖啡研究者，且著作眾多，其中在《咖啡大全》裡介紹過的「系統咖啡學」實務烘焙理論，更是引起國內外莫大迴響。我個人認為，田口理論不僅創新，而且應該加上科學分析，推向全世界。

像我這樣的研究人員必須具備「奠基於實務經驗的足夠數據」，而田口先生則相反，他需要「以最新研究為基礎的理論證據」。我認為田口先生累積了龐大的知識，知道

「這裡如果這樣做，就會得到這種結果」，但他的經驗法則卻無法取得科學證據。以結果來看，我們是為了補足對方欠缺的部分而相識，在多場自家烘焙研討會上合作之後，終於造就了這次共同出書的機會。

希望能夠自由自在控制咖啡香味——這是每個從事自家烘焙的人都希望達成的目標。但生豆、烘焙、萃取的差異，再加上每項變數的變動範圍廣泛，想要打造出理想香味十分困難。話雖如此，也不是不可能辦到。因為在生豆、烘焙、萃取之中，的確存在著「這裡這樣做，就能夠產生這種香味」的法則。

我的任務就是以簡單明瞭的詞彙介紹全世界研究者發表的「最新知識」，也就是擔任「牽線」的角色。當這些理論與實務派的田口理論發生衝突時，會迸出什麼樣的火花，請各位拭目以待。

旦部幸博

田口護的咖啡方程式●目錄

序章

本書的流程（From Seed to Cup）

●從四十年前開始奠定理論基礎

我開始從事自家烘焙咖啡，大約始於四十多年前。我們夫妻兩人，以及為數不多但值得敬重的烘焙師夥伴們，一同走過了這些年頭。我們從很早就開始為後來的理論奠定基礎。這些早期的理論，加上從每日烘焙與萃取中得到的知識，寫成了拙作《咖啡大全》，後來更成為系列作品。可喜可賀的是，已經發行的兩冊系列作品（《咖啡大全》、《田口護的精品咖啡大全》，中文版皆由積木文化出版）不僅在日本國內，也在台灣、中國、韓國等地獲得好評。

此次出版的本書可謂是〈大全系列〉的第三集。內容是整個系列的集大成，並且有旦部幸博先生強力的後援，替我的實務論補充科學觀點。

話雖如此，我還是盡量避免使用一看到就讓腦子一片空白的困難術語，改用直白易懂的詞彙解釋。這樣說似乎有些老王賣瓜，不過書中內容都充滿內涵，值得一讀。

我是「巴哈咖啡館」這家獨立咖啡店的老闆，也是擁有百餘家加盟店「巴哈咖啡集團」的主席。

我只是主席罷了，集團裡沒有複雜的會員規則，取而代之的是，我會要求會員至少必須接受為期五十天的講習，以及三百次的烘焙實習。經過這個訓練，才算達到「初級」階段。如果想要進階「中、高級」，則必須更進一步鑽研。

我的「巴哈咖啡館」不是開在大都市車站前或是鬧區中心，我為此感到相當自豪。集團各加盟店也差不多，幾乎沒有哪一家店是開在立地良好的位置上。即使把店開在神明也不願保佑生意興隆的地方，我的咖啡店每個月仍然能夠賣出兩、三噸的咖啡豆（烘焙豆），顧客人數也大致有四千人，而這還只是零售數字，不包括批發。我們店裡也早早就引進精品咖啡（註1），當作店裡的招牌商品。

或許是因為成就獲得認同，使得我有幸成為

SCAJ（日本精品咖啡協會）的會長，身負重任。也多虧如此，我能夠比過去有更多機會飛往世界各地，今天飛中南美洲、明天飛非洲。

●「從種子到杯子」的真正意涵

過去四十年來，光是咖啡生產國，我就造訪過四十多個。想起當時的情形恍如隔世。現在的咖啡環境已經與過去截然不同。

從前一提到咖啡的主要生產國，巴西和哥倫比亞的地位毋庸置疑，不過現在的排行榜前五名則依序是巴西、越南、印尼、哥倫比亞、印度，其中亞洲國家就佔了三名。

接著再看看各國的咖啡消費量，巴西僅次於美國，排名第二。或許是經濟成長顯著的緣故，世界第一的咖啡生產國巴西，也躍然成為名列前茅的咖啡消費國了。

另外，在過去，咖啡生豆從港口上岸後，就完全是買方的責任，產地的一切全都交給國際貿易公司處理。產地的莊園主人完全不清楚自己栽種的咖啡豆在消費地是採用何種品嚐方式。

我曾經在巴西的生產農家裡，利用巴哈咖啡館的濾紙萃取法萃取出咖啡液，招待農民們。他們感激地表示：「原來日本人是這樣喝咖啡啊。」

情況到了現在又是如何呢？我們這些咖啡相關人士頻頻前往產地，產地的人也接二連三地前來拜訪，雙方的交流日趨頻繁，原因就在於咖啡產地與消費地的變化太大，雙方若是無法加深彼此的了解，就無法做生意了。

業界有句話說：「從種子到杯子（From Seed to Cup）」。精品咖啡問世以來，經常聽到這句話，意思就是，假設生產者將咖啡豆（種子）送到最終消費者（杯子）手中的過程是一條大河的主流，眾人可期待透過整條河流共享價值。

直到注入最終消費者的杯子裡之前，咖啡需要經過一條漫長的道路。什麼品種的咖啡豆種在莊園裡的哪個區塊？施予什麼樣的肥料？有沒有遮蔽樹（註2）？「精製（1－5）」是乾式、溼式或是折衷的半水洗式？

圖表 01　從種子到杯子（From Seed to Cup）

上游（生產者）了解下游（消費者），下游了解上游，然後綜合管理這中間的流程。改以流行的詞彙來說的話，「從種子到杯子」的本質就是「供應鍊管理」。

咖啡生豆送到我們手中後，應當採用中度烘焙或深度烘焙？我們必須看著咖啡豆的 SPEC（說明書，註3）反覆練習烘焙，找出中度烘焙在哪個時間點停止最完美。

順利烘焙完成固然值得高興，最後的萃取也必須留意，尤其忌諱粗心大意。也就是說，從栽種到萃取的過程，無論哪一個步驟，都會影響到咖啡豆的個性，小心翼翼做到盡善盡美，就是「從種子到杯子」的宗旨，也可說是精品咖啡的基本理念。

揮別「全憑直覺」的世界

這裡雖然提到了精品咖啡，不過本書不是要談精品咖啡，而是探究包括精品咖啡在內的所有咖啡議題，並將舊作提過的內容重新加上科學分析檢討。因此本書內容網羅了關於咖啡的成分、品種、栽培、精製法、烘焙，以及萃取，囊括從種子到杯子的過程。

讀完之後會發現：「原來是這麼一回事啊。」因此視野大開。也會有能力檢驗自己的技術是否適當或正確。

本書的內容不僅包括日本首次公開的理論，也收錄了國外罕見的先見，以老王賣瓜的說法就是「這本書為咖啡世界開創了新時代」。

烘焙師們看著咖啡生豆的SPEC，便可做出這樣的預測：這種A生豆的品種是這樣，栽種地的氣候、土壤、標高是這樣，使用的精製方式是這樣，所以大概會變成這種個性的咖啡吧。

精品咖啡問世後的第一個好處就是，能夠與全世界分享評鑑咖啡豆的標準用語。

哪種咖啡好喝，哪種咖啡難喝，透過標準用語變得更加明確。

在此之前，我們幾乎無法得知咖啡特性等資訊，只得不斷嘗試烘焙，累積多次正確經驗、養成直覺之後，大致上才不會出錯，但是只仰賴直覺的話，技術無法傳承。

現在不同了。有了「共通語言」作為傳達工具，因此只要能夠學會杯測（註4）技能，無論走到世界哪個地方，都能夠辨別咖啡豆的優劣。只有自己才知道的「直覺世界」早在很久以前就淘汰出局了。

●善用風味表

咖啡豆的個性取決於「品種」、「土地（栽培環境）」、「精製方式」的不同。而我們烘焙師想要知道的只有一件事：

「烘焙到某個階段就會變成這樣，繼續烘焙下去的話，會出現果香味——就是這種『烘焙到哪個階段停止會出現哪種香味』的確切資訊」。

現實生活中當然不可能有這類方便的資訊，不過根據多年累積的經驗，我們還是能夠準確想像：「在這個階段的話，就會出現這種香氣和味道。」

而為這些焦慮不安的烘焙師帶來一點光明指引的，就是旦部先生製作的「烘焙風味（溼香氣／味覺）表」。請各位參考158～159頁的烘焙溼香氣（譯註）表。看過這張表之後，烘焙到哪個階段會出現哪種香氣（溼香氣）、烘焙到哪個階段停止可得到優質的醇厚感（味覺），避免討厭的焦臭味，諸如此類內容都能夠一目了然。

這張圖表只是參考，並非保證在某個時間點停止烘焙的話，一定能夠得到想要的味道和香氣。

畢竟這些數也數不盡的味道和香氣成分會隨著烘焙的進行而增減，因此即使「想要這樣子的味道和香氣」，也不一定真能如你所願。若未能具備高超的技術，就無法嚐到真正多采多姿的味道與香氣了。

然而，看過圖表即可知道，若想要製造出奶油或楓糖漿等甜香味的話，這種風味在「淺度烘焙～中度烘焙」階段會達到巔峰。旦部先生表示：

「重點是，透過圖表確認現在烘焙的咖啡大概在哪個位置，從這個位置進行淺度烘焙的話，會變成什麼模樣？深度烘焙的話，又會出現何種傾向的味道與香氣？首先在腦袋裡想像這些內容。如此一來，就能夠逐漸在心中建立『相對座標軸』了。」

旦部先生說，我們不是在準備理化考試，所以別去想什麼標準、規則，放鬆肩膀，帶著幾分玩心使用「烘焙風味表」吧。

有個名詞稱為「永續咖啡」（註5），簡單來說就是「透過可永續經營之農耕方式生產的咖啡」。我更想把這個「永續」的概念用在店鋪經營上，而不是咖啡上。

前面已經提過，我的咖啡店及集團各門市都不是位在什麼優質地點，儘管如此，夥伴們絲毫不洩氣，他們深入人群，與當地人交流，並且受到當地人歡迎，日子過得很忙碌。我們的目標是經營一家能夠持續一百年的咖啡店。

是的，我們想要打造能夠持續一百年的「永續咖啡店」。為了達到這個目標，該怎麼做呢？除了提昇人才和客服品質之外，首要之務就是提昇咖啡的味道。而本書就是用以提昇咖啡味道的目標管理工具。

●看「田口&旦部」二人組，解開神話與謎團

目前咖啡豆的基因分析正在逐步進行中，看來解開咖啡樹基因的日子不遠了。不過這件事與烘焙技術等級的提昇沒有直接關係。

烘焙之中存在著「發揮其中一個成分的特性，就會迫使另一個成分消失」的交替關係（二律背反），因此無論借用多少科學的力量，仍然無法以尋常方式處理咖啡。

話雖如此，能夠以科學分析烘焙與萃取，仍是值得慶幸。

一般常說日本人追求咖啡中的甜味，不過咖啡原本並不具備甜味。甜味的「真面目」事實上也許是來自於香氣，並非味道。眾人是不是誤把甜甜的香味當成是甜味了呢？——這些詳情我們後頭再談，總之我與旦部先生的合作，甚至做到這類的推理。

注入杯中的咖啡，從莊園開始，歷經精製、烘焙、萃取等一連串的步驟才得以誕生。「田口&旦部」二人組將逐章說明這個流程，希望各位耐著性子一起看下去。

譯註：溼香氣。萃取後的咖啡液香氣。

註1：精品咖啡（Specialty coffee）。簡言之就是「擁有絕佳風味特色，個性分明的咖啡」。八〇年代開始確立概念，引起一大風潮，也將生產者與消費者的價值觀由追求「量」轉變為追求「質」。

註2：遮蔽樹。也稱為遮陽樹。阿拉比卡種咖啡不耐陽光直射，因此會搭配香蕉、芒果等高大樹木一同種植，替咖啡樹遮陽。另外，遮蔽樹的落葉也正好成為肥料。

註3：SPEC。SPECIFICATION的簡稱，意思是「樣式、規格」。咖啡豆樣本都會附帶SPEC，內容包括栽培地標高、品種、平均氣溫與降雨量、土壤等資訊。這份資料稱為SPEC。

註4：杯測（Cupping）。簡言之就是試喝咖啡，遵循事先訂出的標準，評鑑咖啡的味道與香氣。國際評審若是給予八十分以上的分數，即可稱為精品咖啡。

註5：永續咖啡。將自然環境的保護也納入考量，可永續經營（Sustainability）的咖啡。通過各環保團體、NGO等的標準，就能夠得到認證，流通於市面上。

第1章 咖啡豆的基本知識

精品咖啡問世大約三十年，卻已造成咖啡世界的大幅改變，還出現「從種子到杯子」這類主張，世人開始追求「打造更美味的咖啡」，細分從生產到流通的每個階段，並且重視咖啡品種、栽培、精製等過程。本章將以精品咖啡「出現之前（Before）」與「出現之後（After）」，分別說明咖啡世界的變遷。

1─1 何謂咖啡的美味

●「好喝的咖啡」與「難喝的咖啡」

什麼是「好喝的咖啡」？我們先從這個問題開始思考。有「好喝的咖啡」就表示有「難喝的咖啡」。米其林美食指南的總編輯曾經這樣說過：

「我們一點也不拘泥於流行與風格。料理之中只有『好吃的料理』和『難吃的料理』兩種，我們只是要評論這點而已。」

不愧是米其林美食指南的總編輯，說得很直白，聽到的人也忍不住點頭表示：「原來如此，就是這樣。」

對於這點我想提出自己的想法。總編輯的說法的確具有說服力，但是「好吃、難吃」是相對的感覺；肚子餓的時候，不管吃什麼都會覺得好吃，相反地，肚子飽的時候，不管吃什麼，內心的感動都會降低。另外，納豆是我的最愛，不管什麼時候吃，我都覺得「好吃」，但我認識的外國人卻皺著臉拒絕。也就是說，「好吃、難吃」是個人主觀的喜好問題，無法當作客觀的評價。

咖啡也一樣，喜歡酸味的人覺得淺度烘焙的咖啡好喝，但是不喜歡酸味的人就不這麼想。同樣的，喜歡苦味的人認為深度烘焙的咖啡好喝，但是討厭苦味的人也許反而會覺得難喝。「好喝、難喝」無法當作正式的評鑑標準。

所以我開始思考在評鑑咖啡品質時，該使用哪種說法，才能夠保有客觀性。因此得到的結論就是「好咖啡」與「壞咖啡」這個標準。那麼，什麼樣的咖啡是「好咖啡」呢？關於這點，在舊作《咖啡大全》中有提到，這裡再複習一遍：

①無瑕疵豆的優質生豆。
②剛烘焙好的咖啡。
③經過適當烘焙的咖啡。
④剛研磨好、剛沖煮好的咖啡。

只要滿足上述四點，就是好咖啡。總的來說，好咖啡的定義就是「去除瑕疵豆的優質生豆，經過適當烘焙之後，趁新鮮時正確萃取的咖啡」。

●咖啡不新鮮就不會膨脹

我為什麼要設定這個標準呢？四十年前，咖啡業界有不少業者沒有設定保存期限，不道德地將已經劣化的咖啡豆送到客戶手上。而店家方面也因為缺乏專業知識，沒有「咖啡屬於生鮮食品」的觀念，因此毫無警覺地將壞掉的咖啡端到客人面前。

甚至還有大半店家事先萃取出大量咖啡液擺著，只要有人點咖啡，沒有確認味道就重新加熱端上。而客人也不清楚咖啡這個外來飲料的「真正美味」，傻傻地誤信「咖啡專賣店」的招牌，對於端出來的咖啡照單全收，還小聲說：「好喝。」在一切以經濟價值優先的時代裡，業者、店家、客人，在咖啡的領域，都算是新手。

在那個稱為「咖啡黎明期」的時代，我透過雜誌等管道不斷固執地主張「何謂好咖啡」。我當時這麼說：

「不夠新鮮的咖啡，注入熱水就不會膨脹。」

如果使用極淺或極深的烘焙方式，咖啡粉當然不會膨脹，而且有些咖啡不膨脹也不見得表示味道劣化了。但若是採用滴濾萃取，只要咖啡粉夠新鮮，注入熱水時，咖啡粉就會像一塊厚實的漢堡排一樣膨脹。相反地，如果咖啡粉不夠新鮮，則會像峽谷一樣陷下去。放太久的咖啡粉絕對不會膨脹。

當時這些自稱咖啡專賣店的店家特別流行使用塞風壺（虹吸壺）沖煮咖啡，這個風潮背後真正的目的，是不是為了掩飾「咖啡不新鮮」的事實呢？因為使用塞風壺煮咖啡的話，就無法看見「有沒有膨脹」了。放很久的咖啡也可以光明正大地在客人面前現煮。自稱懷疑派的我，因此不自覺想到了這個陰謀論。塞風壺萃取在進入精品咖啡時代之後，也得到了另一個得以活躍的舞台。

不夠新鮮的咖啡不會膨脹——我這個直白的主張卻也是自找麻煩。我的業務範圍除了招攬客人到店裡喝咖啡之外，也銷售烘焙豆，因此沒賣完的不新鮮豆子只有丟掉一途。假如我不小心誤賣了舊豆子，就會引來批評：「你的招牌是假的。」降低了信用。幸好一如我所希望的，這種情況沒有發生，反而還成為贏得信任的契機。

●昔日的咖啡良莠不齊

以「膨脹、不膨脹」當作檢測咖啡豆鮮度的標準或許過於簡單，但卻也因為簡單而容易被忽略，且事實上一般人目前仍普遍不知情。更何況關於品種如何、栽培條件如何、精品咖啡的失敗云云，也不太有人知道。人們不在乎。唯有業界相關人士面對尚未開拓的市場感到莫名的緊張與興奮。

回到正題，我們繼續談談何謂「好咖啡」。

好咖啡的條件之一就是「無瑕疵豆的優質生豆」。話說回來，究竟什麼是「瑕疵豆（Defective beans）」呢？古早以前，白米裡也經常會摻著小石頭，有時咀嚼白飯還會誤食，不過現在採用紅外線異物掃描裝置清除雜質，提昇了精製度。

咖啡也一樣。日本現在雖是世界頂級咖啡的購買國之一，但是在貧窮時代，我們只能買二等、三等的咖啡豆。戰後不久還出現中央線長著紅黴菌的咖啡豆，當時有人戲稱那是「珍貴的紅咖啡」，真叫人哭笑不得。那是一個純樸的年代。

從產地送來的咖啡生豆中混雜著各式各樣的異物，包括石頭、木屑、玻璃片、金屬片、樹木果實、土礫等。這些雜質逃過了電子選豆機、比重選豆機等的篩選而混了進來，因此只能以人工的方式去除。

除了異物之外，還有其他東西必須去除，就是瑕疵豆。死豆、發酵豆、未成熟豆、貝殼豆、蟲蛀豆、黑豆、帶殼豆。若是沒能夠去除乾淨，將會嚴重破壞咖啡風味。尤其是未成熟豆難以透過機械篩選去除，這種豆子一旦混入，就會使咖啡出現腥味，或是令人想吐的討厭味道。同樣地，發酵豆從外觀上也很難找出來，而這種豆子一旦混入，將會使咖啡液散發腐敗異味。

因此我們才需要「手選（Hand-sorting）」這項步驟。不過是否確實執行，則要看自家烘焙店的良心了。一般來說，手選過程必須淘汰五～十％生豆，精選度低的摩卡豆甚至必須丟掉四十％不可，

圖表 2　咖啡豆的構造

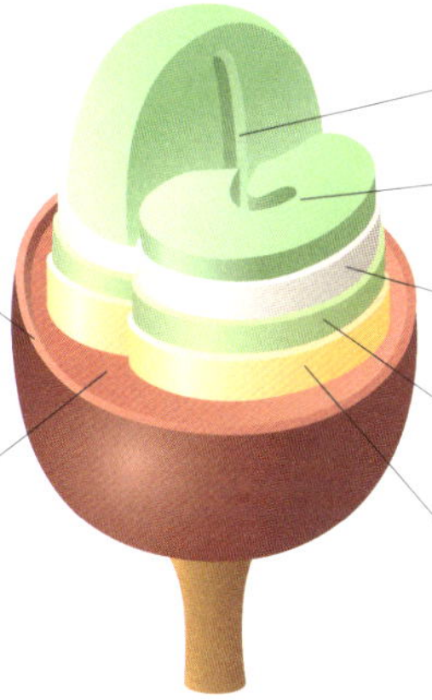

手選豆的範例

未成熟豆

發酵豆

蟲蛀豆

死豆

這些豆子必須剔除。
豆子是否經過手選，味道差異甚大。

因此覺得「浪費」的業者不會先經過手選，而是直接烘焙。

咖啡生豆經過烘焙之後，重量會銳減，一百公克的生豆只剩下八十公克。也就是說，一百公克的生豆經過手選之後，平均減少五～十％，再加上烘焙，又會減少二十％，對於店家來說這是相當頭痛的問題。過去在日本稱作「美式咖啡」的咖啡，是採用咖啡原料損耗率低的淺度烘焙與中度烘焙的豆子，還曾經風靡一時，但這股風潮事實上與業者的成本考量有關。

●「好咖啡」與「壞咖啡」

有新進人員加入巴哈咖啡館時，我會先從手選開始教起，訓練他們貫徹觀察、觸摸生豆並快速挑出瑕疵豆。手選步驟在「生豆階段」一次，「烘焙後」一次，亦即在烘焙前後各進行一次。這項工作無趣且需要耐性，不過我四十年來總是孜孜不倦地要求每個員工。其中一位年輕夥伴（「豆香洞」老闆後藤直紀先生）曾於二〇一三年法國尼斯舉辦的烘焙技術大賽上獲得「世界第一」的頭銜，他能夠快速且正確地將生豆分級，連世界級評審也感到驚訝。

總之，自家烘焙咖啡的第一道關卡就是「與瑕疵豆對抗」，是否經過手選，會造成截然不同的咖啡風味。如果有人認為我太誇張，建議你可以嘗試單獨烘焙未成熟豆和發酵豆，進行杯測，相信就能夠完全明白我的主張不是裝模作樣或胡言亂語。

在精品咖啡這類高級咖啡出現之前，我始終致力於區隔「好咖啡」與「壞咖啡」，一心想要打造好咖啡。我也不斷強調，既然自認為咖啡專家，在提供「好喝的咖啡」之前，應該要花更多心思提供「好咖啡」。

「好咖啡」不見得是「好喝的咖啡」，但是「壞咖啡」毫無疑問一定是「難喝的咖啡」。如果有人說「壞咖啡」好喝的話，最好先懷疑自己的味覺。我認為味覺也必須經過正確的訓練。

另外還有一點，「好咖啡」當然不能有瑕疵豆，但光是這樣還不夠，烘焙時的「形狀和尺寸是否一致」也很重要。最理想的狀態是咖啡豆的形狀、厚度、大小、顏色全都一致，但是沒有豆子會那麼完美，所以才必須利用手選，統一豆子形狀和大小。

順帶一提，中央線清楚的咖啡豆較佳。不管豆子大小，只要小的和小的、大的和大的統一就沒有問題。最頭痛的是大中小尺寸和厚度不均的情況。顏色也是如此，綠色應該和綠色、白色應該和白色統一。豆子的顏色代表含水量的多寡，因此如果沒有統一，就會出現烘焙不均的情況。

許多人以為「手選」步驟只是為了去除瑕疵豆，這個步驟的用意還包括調整形狀和尺寸。只是去除瑕疵豆還不夠，請再次了解「手選」步驟，事實上是為了打造「好咖啡」。

●「出現之前」與「出現之後」

既然提到好咖啡，我們再聊深入一些，比方說，假如你問問咖啡生產者：「你認為什麼樣的咖啡算得上是『好咖啡』？」得到的回答肯定是「採收量多的豆子」或是「顆粒大的豆子」，諸如此類。相反地，如果拿同樣問題問消費者的話，又會得到什麼答案？大概是「好喝的咖啡」或是「對身體好的咖啡」。其中也許甚至會有人回答：「不會破壞環境的咖啡」這類環保取向的答案。

如果問我的話，我會立刻回答：「顆粒大小均一且少有瑕疵豆的咖啡。」同樣的問題會因為立場不同而出現各式各樣的答案。因此「好咖啡」並不一定等於「好喝的咖啡」。

以上是針對「咖啡的美味」提出的大致想法，不過精品咖啡問世之後，也就是到了「出現之後」的時期，情況就改變了。

味道和香氣的說明有了共通的標準，這也是我多年來的夢想——利用「共通語言」溝通。具體來說，進入精品咖啡時代之後，我們已經可以透過「杯測」這種感官審查檢驗一切。

有人問起何謂「好咖啡」時，如果是在精品咖啡「出現之前」，就會出現前述那些立場不同的答案，而現在，這些都可以透過共通的語言說明，讓不同立場的人也能夠了解並接受。這種差異十分顯著。「出現之前」與「出現之後」的品質評鑑方式天壤之別。發展到此，人們總算能夠站在同樣的舞台上討論咖啡的品質，這是一大突破。

●評論咖啡的「優點」

前面已經提過，「從種子到杯子」的概念。說穿了就是「商品（咖啡）從上游（產地）到下游（消費地）的綜合管理流程」。在葡萄酒的世界，法國AOC（註1）等級葡萄酒自古就貫徹原產地管理的規則，而咖啡的世界則是直到八〇年代才跟上這種做法。

前面已經提過，現在只要參照咖啡生豆的SPEC，就能夠了解該生豆的特性。這話說來似乎理所當然，但是在精品咖啡出現之前，別說標示莊園了，就連產地和品種都無法明確標示。

舉例來說，「巴西聖多斯」這種咖啡豆相當於巴西咖啡的代名詞，所以大家應該多少都曾經聽過。從它的名字，我們可以知道些什麼呢？只能知道是「從巴西聖多斯港出口的巴西咖啡豆」而已。因為出口業者將不同產地的咖啡豆依照比例混合，因此無法單獨指出咖啡豆是來自哪個地方、哪個莊園。亦即這個大量生產、大量流通的體制是由生產者與物流業者主導。不過，即使是「出現之前」時期，不同生產國的高級咖啡豆仍具有不同的味道特色。

另一方面，若說到進入「出現之後」時期改變了什麼，就是確立了咖啡豆的「生產履歷制度」，釐清了咖啡豆的家世背景。比方說，「巴拿馬咖啡豆是博克特產地的唐帕奇莊園栽種、經過自然乾燥法（註2）精製的藝妓種咖啡」，這一句說明就道盡了「上游（產地）」的資訊。為什麼會有這樣的轉變呢？簡言之，這十五年來，「下游（消費地）」的意見變得愈來愈重要。

具體來說，消費地過去只仰賴產地的感官評鑑，後來消費地也設立自己的評鑑標準，並將這個標準變成「全世界的標準」。「卓越杯（COE）」（註3）等比賽就是其中之一。比賽是由身為味覺

圖表 03　咖啡品質—— Before & After

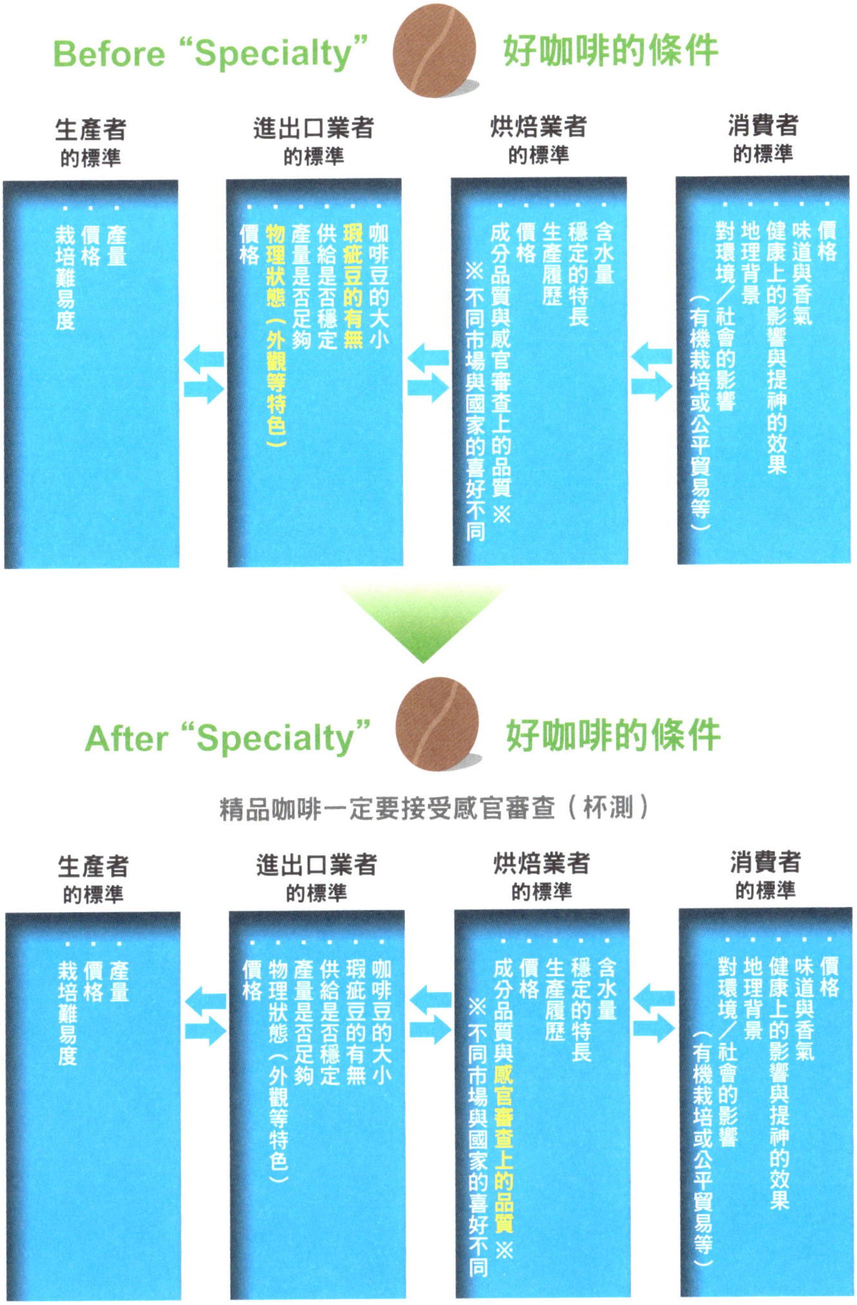
Before “Specialty”
好咖啡的條件
生產者的標準
・產量
・價格
・栽培難易度
進出口業者的標準
・咖啡豆的大小
・瑕疵豆的有無
・供給是否穩定
・產量是否足夠
・物理狀態（外觀等特色）
・價格
烘焙業者的標準
・含水量
・穩定的特長
・生產履歷
・價格
・成分品質與感官審查上的品質※
※不同市場與國家的喜好不同
消費者的標準
・價格
・味道與香氣
・健康上的影響與提神的效果
・地理背景
・對環境／社會的影響（有機栽培或公平貿易等）
After “Specialty”
好咖啡的條件
精品咖啡一定要接受感官審查（杯測）
生產者的標準
・產量
・價格
・栽培難易度
進出口業者的標準
・咖啡豆的大小
・瑕疵豆的有無
・供給是否穩定
・產量是否足夠
・物理狀態（外觀等特色）
・價格
烘焙業者的標準
・含水量
・穩定的特長
・生產履歷
・價格
・成分品質與感官審查上的品質※
※不同市場與國家的喜好不同
消費者的標準
・價格
・味道與香氣
・健康上的影響與提神的效果
・地理背景
・對環境／社會的影響（有機栽培或公平貿易等）

專家的國際評審嚴格審查，挑選出香味格外傑出的咖啡豆。審查會照例是由美國主導組成，利用豐富的詞彙與比喻表現香味特色，而這種積極指出咖啡豆「優點」的評鑑方式也為生產國所接受，進而成為全世界的標準。

●精品咖啡華麗登場

在精品咖啡「出現之前」的時代則不同，當時投注心力評鑑的不是咖啡豆的「優點」，而是「缺點」。那是一種「扣分主義」，一般稱為「巴西法」，對於咖啡豆的優點和個性沒有正面評價。原因在於咖啡生產大國巴西沒有細分等級。生產者主張，去除有明顯缺點的生豆之後，「除了那些之外的豆子，全都是高檔貨」，希望盡量將更多咖啡豆當作「高級品」販售。另一方面也因為相對於一般咖啡來說，有這種程度的評鑑就夠了。而推翻這種消極評鑑方式的，就是如彗星般登場的「精品咖啡」。

我希望各位不要誤解，一提到「巴西法＝消極評鑑」，許多人往往以為這種評鑑方式只會提出咖啡豆的缺點，十分負面。這個想法是錯的。我只是說，巴西法是從滿分開始以扣分方式表示咖啡豆的缺點，這種方式與從零開始加分的「出現之後」時期的「加分主義」，正好是一體兩面的關係。我在評鑑咖啡豆時，不只仰賴杯測等積極評鑑方式，也經常把舊有的消極評鑑法擺在心裡，這樣才能夠取得平衡。

精品咖啡這個新名詞，是由美國努森咖啡的愛爾娜・努森（Erna Knutsen）女士首次提出，其宗旨是「特殊氣候及地理條件生產出具備獨特風味的咖啡豆（Special geographic microclimates produce beans with unique flavor profiles）」。重點就是，咖啡具備無可替代的獨特個性，因此才會產生「栽培更有個性的咖啡豆，並給予積極評鑑」的風潮。

為什麼那個時代期待高品質咖啡的出現呢？當時的背景，包括從六〇年代便始終存在的國際咖啡協定影響出口比例問題，以及美蘇冷戰帶來的「私運咖啡」（註4）問題，再加上美國國內咖啡消費急速減少的問題。這裡就不詳述了。

總之，可以確定與政治、經濟問題的複雜糾葛有關，不過精品咖啡的登場也十分戲劇化。與此同時也帶來巴拿馬產新品種咖啡「藝妓」的問世。

「把藝妓咖啡拿出來參賽的，是從加州搬來的移民（前美國銀行總裁的兒子）所成立的莊園（翡翠莊園 Hacienda La Esmeralda），而藝妓咖啡則是偶然發現的衣索比亞舊有品種。這批藝妓咖啡在網路拍賣會上賣出史上最高價。如此天時地利人和，令人懷疑這背後是否有人為操縱或事先準備好的腳本。」

和我同屬懷疑派的旦部先生，對於如此順理成章的發展經過，發表了上述的直白感想。我們絕不是對於藝妓咖啡的品質有異議，只是精品咖啡出現之後帶來了許多八卦流言，而這些八卦流言卻也具有為日後代來借鏡的獨特價值。

●咖啡迎向「高品質」的時代

這段時期，全球曾經發生兩次「咖啡危機」。巴西於一九八九年廢除出口配額制度的同時正逢豐收；另一次是越南生產的咖啡加入市場，全球咖啡市場陷入慢性供給過剩的窘境，因此價格低迷。有的生產者甚至放棄莊園，改種橡膠或可可。

若是這樣的危機經常發生，生產者和消費者都會受到行情影響。消費者希望未來能夠繼續喝到美味且安全的咖啡，生產者的想法大概也相同。因此衍生出的概念就是「永續咖啡」。「永續」這個詞在前面已經提過，就是「可永續經營」的意思。

為了能夠繼續以穩定的價格喝到咖啡，應該採取的做法不是像過去那樣殺價，或是趁人之危，以低於行情的價格買進。較好的做法是支付生產者合理的價格，協助改善咖啡栽種環境及莊園工人的生活，藉此才得以確保持續喝到咖啡，同時也能夠維護自然環境。透過這種方式，才能維持咖啡的永續發展。

巴哈咖啡館現在持續維持手選生豆的作業，不過花費的時間與精力在「出現之前」和「出現之後」兩個時期完全不同。大概是因為我們採購的是精品咖啡，或是同樣高水準的咖啡吧，瑕疵豆出現的比例變得極低；集團各店鋪也抱持同樣想法。他們認為：「考慮到手選的麻煩，儘管採購價格貴了些，還是購買高品質咖啡比較划算。」

在美國也有星巴克等連鎖咖啡店開始將精品咖啡當作賣點，被稱作「第三波」（註5）的少量烘焙（自家烘焙咖啡店）也逐漸普及。長期以來總是被認定出產劣等低品質咖啡的美國也終於覺醒，開始追求高品質咖啡。他們粗劣的咖啡文化就此打上了休止符，「高品質咖啡」的時代已然到來。

註1：AOC是原產地控制制度（**Appellation d'Origine Contrôlée**）**的簡稱**。法國傳統葡萄酒產區對於葡萄品種、栽培方式、釀造方式等有固有的做法。為了維護該產區的特色而採取的法律規定，就稱為AOC。

註2：自然乾燥法。原本普遍使用的是巴西式的自然乾燥法（乾燥式精製法），不過現在最受歡迎的是中南美式的精製法。前者屬於低發酵型，後者屬於中發酵型。特徵是具有果香、花香、類似葡萄酒的香氣。

註3：卓越杯（**COE**）。一九九九年出現的比賽，用意是在選出世界最頂級的咖啡。由生產國主辦，得獎的咖啡豆將會上網拍賣。

註4：私運咖啡（**Tourist coffee**）。意指八〇年代盛行的「走私咖啡」情況。當時的全球咖啡貿易是由出口國的配額制度維持平衡，但是ICO（國際咖啡組織）的非加盟國（主要是東歐一帶）不當釋出大量廉價咖啡，導致配額制度瓦解。

註5：第三波。進入二〇〇〇年代之後開始採用的、來自美國的咖啡新潮流。並非以西雅圖系列的大型連鎖咖啡店為中心，而是以少量烘焙的業者為主，提供現煮的高品質咖啡。

1—2 阿拉比卡種與羅布斯塔種

●阿拉比卡種與羅布斯塔種

咖啡大致上可分為阿拉比卡和羅布斯塔兩大種。全球栽種的咖啡中，約有六十～七十％是阿拉比卡種，這是唯一適合直接飲用的品種，具有絕佳的滋味與風味。坊間經常可看到主打「一〇〇％阿拉比卡咖啡」的罐裝咖啡，特別強調一〇〇％，也證明了事實上一〇〇％使用阿拉比卡種咖啡的罐裝咖啡少之又少。

那麼，非一〇〇％使用阿拉比卡種豆的罐裝咖啡，用的是哪種咖啡豆呢？這種咖啡綜合了特定比例的羅布斯塔種咖啡豆。

這裡雖然稱之為羅布斯塔種，不過在植物學上正確的說法應該是「剛果種」。羅布斯塔種只是剛果種其中一個變種。羅布斯塔種在日本是較為普遍的名稱，與剛果種是同樣意思，因此本書也採用大眾耳熟能詳的「羅布斯塔種」或「羅布斯塔」稱之。

只要喝下一口一〇〇％羅布斯塔種咖啡，就會知道羅布斯塔味道很澀，不適合飲用。

羅布斯塔咖啡會散發出所謂的「羅布味」（註1），就像麥子燒焦的臭味，苦味強烈，有時會伴隨土味或黴味。因此不難理解羅布斯塔咖啡只能用來增加罐裝咖啡、即溶咖啡或劣質研磨咖啡的「分量」。

羅布斯塔種咖啡甚至被評為「品質比巴西聖多斯的最低等級更差」。雖然本身無法直接飲用，不過與阿拉比卡種混合之後，也有不錯的效果。它的酸味和甜味表現遜於阿拉比卡種，但它的高濃度與強烈苦味，又如前面所說的，對於工業用咖啡而言不可或缺。而且羅布斯塔種的抗病能力較佳，即使遇上咖啡的天敵葉鏽病（註2）也不怕。

相反地，阿拉比卡種咖啡的味道與香氣雖然優質，卻不耐霜害與病蟲害。透過空氣傳染的葉鏽病過去曾經肆虐於印度和錫蘭（現在的斯里蘭卡），帶來重創。過去曾是雄霸一方咖啡生產國的印度與錫蘭，後來變成紅茶王國，也是因為這個緣故。

●巴西也是主要的羅布斯塔種生產國

我在這四十年間，不曾使用過羅布斯塔種咖啡。過去在針對開咖啡廳或餐廳的專書中曾經正式提到：「製作綜合咖啡時，最好加入一定比例的羅布斯塔種咖啡豆」。這樣做，不僅能夠提昇濃度與醇厚度，也能夠抑制成本，因此羅布斯塔種咖啡豆可說是「價格調整的要角」。

我本身雖然沒有使用過，不過如果要製作綜合咖啡，搭配比例最多是十～十五％。再多的話，就很容易損害整體滋味和風味。當年的咖啡精製技術尚未成熟，因此羅布斯塔種的澀味和苦味會過於顯著。

沒過多久，「一〇〇％阿拉比卡種的時代」已然到來，不過冰咖啡等依舊需要使用羅布斯塔種。不使用羅布斯塔種的話，無法出現咖啡應有的顏色和苦味。儘管如此我依舊堅持使用一〇〇％阿拉比卡種，所以老實說製作冰咖啡滿費工的。

羅布斯塔種約佔全球流通咖啡比例的三十～四十％。主要生產國是越南、印尼、象牙海岸……差點忘了還有最重要的巴西。近年來，巴西也致力於羅布斯塔種的生產，羅布斯塔種咖啡約佔巴西總產量的三成。令人意外的是巴西也成了與越南爭奪冠軍寶座的主要生產國。

話說回來，各位喝過越南咖啡嗎？越南咖啡也被稱為越南式咖啡歐蕾，又濃又甜，味道就像在舔咖啡糖果。

這種咖啡只使用越南產的羅布斯塔種，為了掩飾其強烈苦味，因此加入大量的煉乳，模仿前宗主國法國的咖啡歐蕾。

依照旦部先生的說法，法國和義大利喜歡在深度烘焙咖啡裡加牛奶，是殖民主義時代留下來的習慣。

「越南、象牙海岸過去是法屬殖民地，當時盛行種植咖啡（主要是羅布斯塔種），這些咖啡均運到法國和義大利。羅布斯塔種經過深度烘焙後，能夠多少緩和「羅布味」。研究發現採用的是法式或義式這類深度烘焙的方式。而加入牛奶製成咖啡歐蕾或拿鐵咖啡，就是為了利用牛奶更進一步緩和羅布味。」

●羅布斯塔種的精品咖啡

必須澄清一點，我和旦部先生都不曾將羅布斯塔種歸類為「壞品種」，也不曾認為羅布斯塔種與阿拉比卡種交配出的耐病混血品種品質差。我們將它獨特的風味視為「個性」。

現在，印度和印尼等地也舉行比賽與拍賣會，選拔羅布斯塔種之中的「精品咖啡」，負責評鑑的不是Q審（Quality Grading，品質評審），而是R級（Robusta Grading，羅布斯塔評審）。順便補充一點，「Q審」是美國精品咖啡協會（SCAA）認證的咖啡鑑定師，而羅布斯塔種咖啡的版本就稱為R審。

以上談的是咖啡的兩大種，接著也稍微談談賴比瑞亞種。這種咖啡豆只通行於西非部分國家（賴比瑞亞、蘇利南等），所以幾乎不在世界上流通。歷史上，它與阿拉比卡種、羅布斯塔種並列，這三大種咖啡被稱為是咖啡的「三原種」。

最近，日本市面上也能夠找到少量菲律賓產、馬來西亞產的賴比瑞亞種咖啡。姑且不論味覺評鑑好壞，可以確定這是一款個性派咖啡。

話說回來，各位知道阿拉比卡種咖啡是來自羅布斯塔種嗎？根據基因分析結果得知，阿拉比卡種是羅布斯塔種與尤基尼奧伊德斯種（註3）偶然雜交而產生。這樣形容似乎不太恰當，不過意思就像是鳶生出老鷹一樣。

●羅布斯塔種為什麼只有強烈的苦味？

我們知道阿拉比卡種與羅布斯塔種的差異甚大之後，阿拉比卡種底下的品種差異又是如何呢？以帝比卡（註4）與波旁（註5）為例，旦部先生認為，這兩個品種無論在基因或成分方面，都沒有太大的差異。

「重點是生豆成分組成的差異，這點會嚴重影響到烘焙豆的香氣。但是，這項差異又不像阿拉比卡種與羅布斯塔種之間的差距。阿拉比卡種與羅布斯塔種在學術上屬於不同「種」，兩者的差異猶如溫州蜜柑與葡萄柚，在成分平衡上存在莫大的差別，因此理所當然會有這種結果。」

到這裡，請看看32～33頁的圖表。左側是阿拉比卡種與羅布斯塔種的成分組成差別，右側的「多」或「少」表示「以阿拉比卡種為基準時，羅布斯塔種的香味成分表現」。

底下列舉與阿拉比卡種相較之下，羅布斯塔種的生豆成分特徵：

①咖啡因多（阿拉比卡種的兩倍以上）。
②綠原酸多。
③蔗糖等的糖類少。
④蛋白質、胺基酸略多。
⑤脂質少。

這種特徵經過烘焙，會產生什麼結果？以下引用旦部先生的分析。

「味道」方面：

①咖啡因⬇清爽苦味的來源之一。
②綠原酸⬇咖啡主體的醇厚、苦味與澀味來源。
④蛋白質與胺基酸⬇黑啤酒、巧克力等尖銳苦味的來源。

這些都與羅布斯塔種咖啡「苦味強烈的特性」有關。

③的蔗糖又是如何呢？蔗糖原本是酸味的來源，為苦味增添多樣性，製造出順口豐富的醇厚度，但是，羅布斯塔種的蔗糖含量卻很少，也就是幾乎感覺不出酸味，苦味也不夠順口，變成伴隨刺激澀味的強烈苦味。簡單來說就是味道貧瘠，只有苦味。

●羅布斯塔種的蔗糖成分少

「香氣」如何呢？

①咖啡因⬇沒有影響。
②綠原酸⬇出現香料味、煙味、藥味。
③蔗糖⬇單獨的蔗糖會釋放出焦糖、糖漿、奶

油的香氣。另外，與蛋白質等交互反應後，則會釋放果香、咖啡香、堅果類的香氣。

④蛋白質與胺基酸→與蔗糖等交互反應後，釋放出咖啡香氣、堅果類香氣。

⑤脂質→較容易保留精油成分，留住果香與花香。

如上所示，相當複雜。

「蔗糖與蛋白質發生反應，使得味道變得相當複雜，不過從結果來看，也因為蔗糖少，無法抑制土味和焦味，於是在烘焙前期就會明顯出現這些味道。」

最後，旦部先生總結：

「再加上綠原酸造成的煙燻味與藥味、含量較多的胺基酸產生的焦味等綜合在一起，因而產生了羅布斯塔特有的味道。」

阿拉比卡種的蔗糖含量比羅布斯塔種多，意思是能夠產生各式各樣的酸味物質（醋酸、檸檬酸等）。

「在東南亞等地，烘焙羅布斯塔種咖啡時會加入砂糖。這個步驟是為了補充羅布斯塔種不足的含糖量，希望多少能夠像阿拉比卡種一樣，擁有豐富的酸味。」（旦部）

雖然蔗糖含量少，但若是能夠以其他形式補充「酸」的話，羅布斯塔種也或多或少會變成值得一嚐的味道。最近，大型咖啡製造商開始採用高溫蒸氣進行事前處理。將弄溼的羅布斯塔咖啡生豆經過蒸氣處理再烘焙，可去除原先帶有的土味及黴味。

「蔗糖雖少，不過只要增加綠原酸加水分解產生的酸（奎寧酸和咖啡酸），既能夠補足酸味，又能夠抑制羅布味。」

旦部先生這麼說。這招或許有點狡猾，不過人類就是憑藉著狡猾促使科學進步。

後半段似乎說了太多大道理，總之各位若能夠藉此了解阿拉比卡種與羅布斯塔種的特徵及差異就足夠了。

圖表 04　阿拉比卡種、羅布斯塔種的成分與烘焙後的香氣特徵

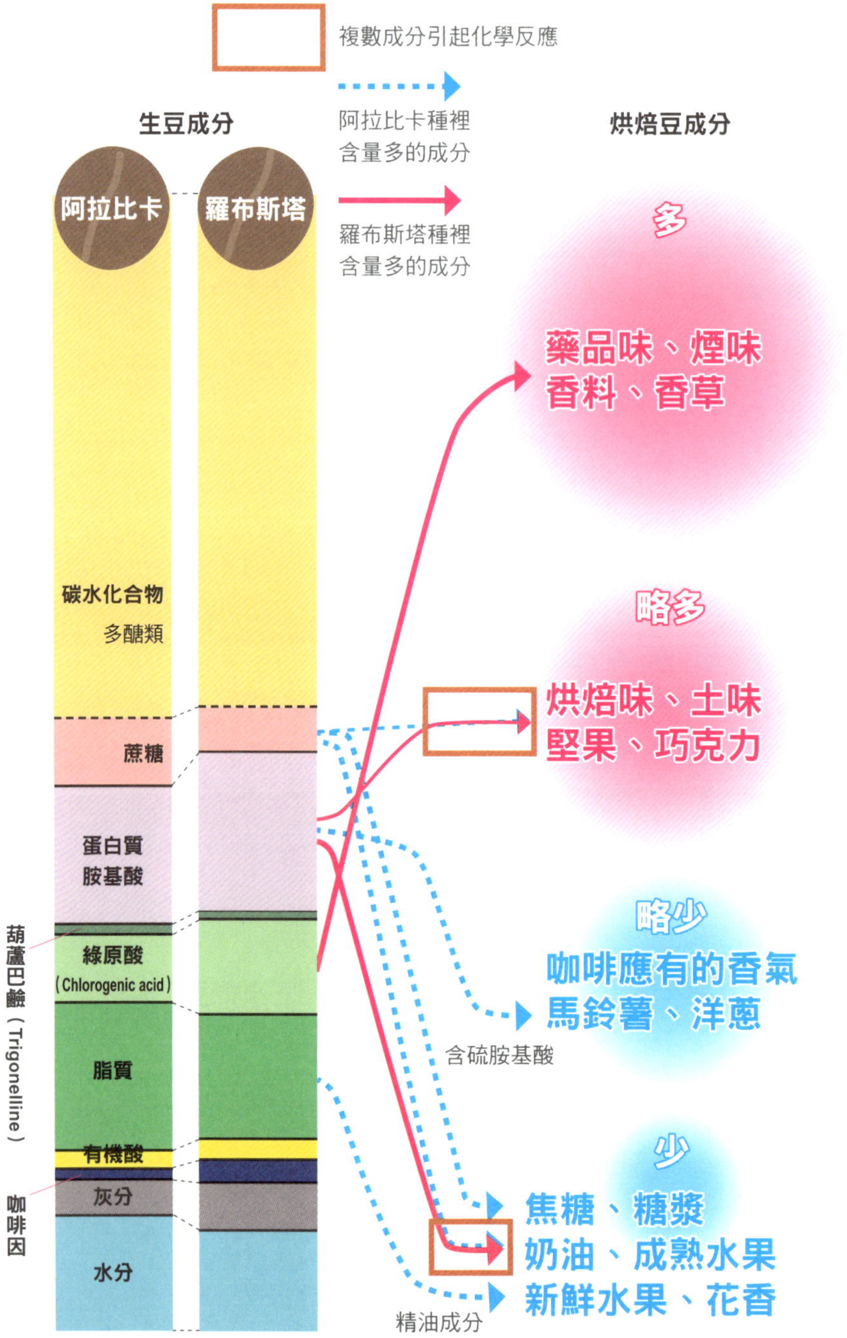

圖表 05　阿拉比卡種、羅布斯塔種的成分與烘焙後的味道特徵

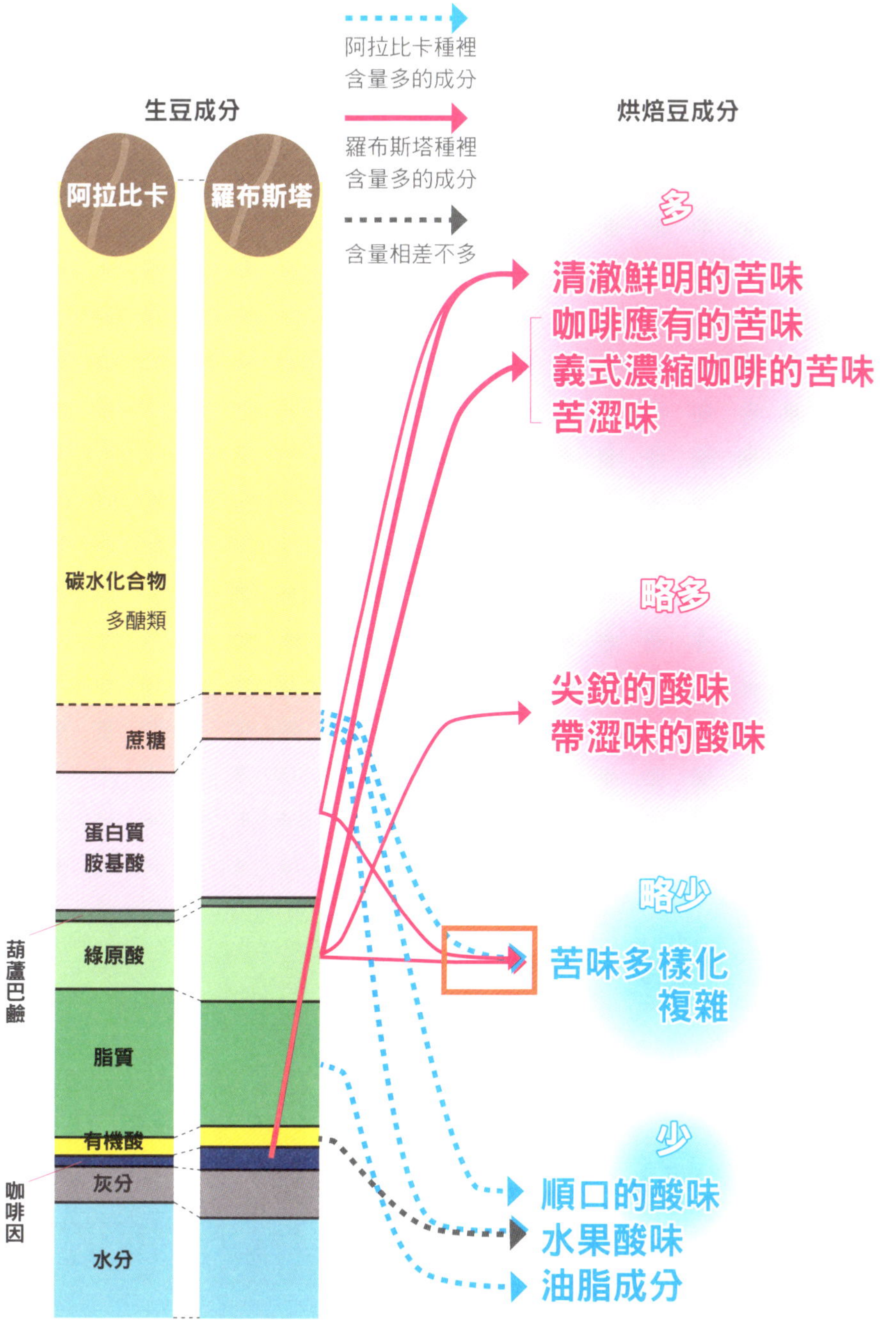

註1：羅布味。羅布斯塔種特有的味道，烘焙之後會出現類似麥子的氣味。為了減少這個味道，即溶咖啡廠商絞盡腦汁，生豆先經過「蒸氣處理」正是其中一個做法。

註2：葉鏽病。咖啡葉子背面產生類似紅鏽的斑點，是最嚴重的傳染病，葉子會枯萎，終至枯死。病原菌是咖啡葉鏽病菌的黴菌。咖啡的品種改良史也等於是與葉鏽病對抗的歷史。

註3：尤基尼奧伊德斯種（C. eugenioides）。中非高原上自然生長的野生品種。咖啡因含量少。剖析咖啡進行基因研究後發現，阿拉比卡種的母親很可能是尤基尼奧伊德斯種，而父親則是羅布斯塔種（剛果種）。

註4：帝比卡。與波旁同屬阿拉比卡種底下的兩大品種之一，不過因為產量少，而且不耐病蟲害，因此長年都在進行品種改良。咖啡豆略成細長形，有高雅的酸味和甜味。

註5：波旁。最早是由葉門移植到印度洋上波旁島（現在的留尼旺島）。十九世紀後期開始在巴西大量栽培並迅速普及。顆粒小，但醇厚且具香氣。

1—3 咖啡的栽培

●咖啡與人類皆起源於衣索比亞高原

咖啡屬於熱帶植物。阿拉比卡種主要是產自涼爽的高地，相反地，羅布斯塔種則是栽種在不適合阿拉比卡種生長的高溫多溼低地區。羅布斯塔種（原意是robust，頑強的）的環境適應力強，能夠生長在任何地方，但是阿拉比卡種有些弱點，如無法忍受高溫多溼的環境，也不耐強烈日曬和低溫，因此有時必須視情況種植香蕉或芒果等高大樹木遮蔽直射的陽光。

接下來要談的是阿拉比卡種的栽培。阿拉比卡種的原產地是衣索比亞的阿比西尼亞高原。很偶然的是，現存人類最早的化石也是在衣索比亞發現。據說我們就是十六萬年前在那兒生活的人類的直系子孫。

聊個題外話，寫出《咖啡的真相》（*Coffee: A Dark History*）這部鉅著的作者安東尼・懷德（Antony Wild）表示：

「生長在衣索比亞高原森林裡的野生咖啡，被認為也有助於演化。咖啡經常被視為與事物認知或表達速度有關。」

他甚至樂觀推測咖啡樹會不會就是《聖經》創世紀篇中伊甸園裡的「智慧之樹」。

最適合栽種咖啡的土地，尤其是阿拉比卡種咖啡，必須具備富含有機物的火山灰土質，以及排水量良好的肥沃弱酸性土壤。衣索比亞高原正是如此。這兒的土壤是風化的火成岩，腐植質含量很高。不只是衣索比亞，巴西高原、中美高地、西印度群島、蘇門答臘與爪哇等咖啡產地，也均具備與衣索比亞高原相似的土壤特性。

●咖啡的「三大原則」

接下來要先來談談與咖啡相關的三大原則。

第一個原則是：

高地產的咖啡，品質愈佳。

一般而言，咖啡是以產地區分等級，不同國家雖然有不同的評鑑標準，不過大致上可分為「海拔標高」、「篩網洞孔大小（豆子尺寸）」、「瑕疵豆比例＋篩網洞孔大小」這三類。

舉例來說，有一款咖啡豆是「瓜地馬拉 SHB，S18」，這裡的英文字母及數字表示咖啡的等級，SHB（Strictly Hard Bean，極硬質豆）的意思是採收自海拔高度四五〇〇英呎（約一三五〇公尺）以上的高地，表示是該國咖啡的最高等級，且等級隨著標高往下，依序分別為 HB、SH、EPW 等。

哥斯大黎加、墨西哥、宏都拉斯等其他中美國家也一樣，在大陸中央有山脈貫穿的產地，「海拔標高」就成了分辨咖啡等級的標準。

為什麼高地產的咖啡等級比低地產的高呢？因為氣候涼爽（年平均氣溫十五～二十五℃），且白天時間容易產生雲霧，遮蔽陽光直射，拉長咖啡果實成熟的時間，因此種子（咖啡豆）裡頭趁著這段期間累積了許多成分。

第二個原則是：

咖啡豆愈大顆，品質愈佳。

例如，哥倫比亞豆分為特選級（Supremo）與上選級（Excelso）兩種，兩者是根據豆子大小（篩網）分級。特選級表示咖啡豆有八十％以上屬於篩網17；上選級表示咖啡豆有八十％以上屬於篩網14～16。篩網的編號愈大，表示咖啡豆顆粒愈大。

第三個原則是：

瑕疵豆愈少，品質愈佳。

我這四十年來毫不倦怠地挑出瑕疵豆，希望能夠盡量打造出優質咖啡。在精品咖啡問世之前，也就是自「出現之前」的時代起，我在經營自家烘焙咖啡店時，就謹記著這三大原則。

●風土也是「共通語言」的一環

培育咖啡豆當然少不了適合的「氣候條件」，不過「土壤條件」、施肥與病蟲害等「人為條件」也有很大的影響。在葡萄酒界中所使用的「風土（Terroir）」等字眼，最近也開始被拿來用在咖啡栽培上。這個字也可翻譯成「生長環境」，意思就是土質、氣溫、日照、降雨、風的強度、斜坡方向等各式各樣要素彼此配合，最終形成咖啡的香味（可參考40～41頁的圖表）。

但是，仔細想想就會發現，這些內容只是舊有的觀念，沒什麼新意。加上「風土」或「微氣候（地方性氣候）」等正經八百的用詞之後，看來像新的理論，但只是老調重彈罷了。旦部先生也說：

「嚴格來說我們還無從得知風土之中的哪些條件，能夠帶來優質咖啡。有些人說只要那片土地適合就好，似乎是在強調人、土地與飲食不可分割的關係。但我們完全不知道這片土地究竟該符合什麼樣的條件。」

他主張必須從名詞定義開始重新建立觀念。但是要替某個概念命名，事關重大。有了名字之後，才能夠產生固有價值，人們才會意識到與其對應的事物。

暫時取好的名字將會膾炙人口，為一般大眾接受，引起眾人討論。畢竟「風土」與「微氣候」都是「共通語言」的一環，不容輕忽。

前面提到了「三大原則」，這三大原則在「出現之前」與「出現之後」都相同。只是有些過去被認為海拔太高、太冷，沒辦法栽種咖啡的地方，卻因為全球暖化的關係，有機會成為最佳栽種場所。咖啡基本上是熱帶植物，不耐霜害，因此即使適合種植在高地，還是有所限制。

●溫差會增加油脂含量、增添風味？

「枝葉管理（Canopy management）」在葡萄酒世界是理所當然的理論，但最近在咖啡世界也開始興起。顧名思義就是管理枝葉。為了增加咖啡樹的日曬、通風，而修剪枝葉或種植遮陽樹，進行管理。簡言之就是以人工方式控制局部氣候及環境，藉此提昇咖啡品質。

你或許會說，這種事情不是以前就在做了嗎？沒錯。但是進行枝葉管理的範圍極小，只在一個斜坡或是會釋放同樣香味的單一區塊而已。每棵咖啡樹的味道等級不同，因此人們才開始注意到咖啡樹的枝葉。這點很明顯是「出現之後」時期才有的現象。

各位已經知道三大原則之一是「咖啡的產地愈高，品質愈佳」，不過：

「溫差愈大，品質愈佳」

這是真的嗎？關於這一點，據說事實上仍無法斷言。

「至少在文獻中找不到。或許沒有根據，不過據說用來煉油的植物（橄欖或玉米等）在夜間氣溫低的時候，油脂累積會愈多。咖啡不耐霜害，因此能夠承受的低溫有限，但是在溫差大的地區，咖啡的脂質也會增多，較有機會成為香氣十足的咖啡。」（日部）

●微量批次（Micro-lot）的優點與缺點

以下內容是根據我個人的經驗做出的推測。瓜地馬拉的薇薇特南果產區過去始終默默無聞，從精品咖啡問世之後才一躍成名。

原本一提到瓜地馬拉，大多數人就會想到最具代表性的優良產區，如：安地瓜（Antigua）、科本（Coban）等。但是現在一講到海拔一五〇〇～二〇〇〇公尺的產區，就會想到位在該國最高高地上的薇薇特南果產區。

此產區採收的咖啡，香氣格外強烈，採收期也比其他地區晚一個月。薇薇特南果產區日夜溫差大，而且有雲霧。

另外也有其他同樣因為栽培環境造成採收期晚一個月的產區。如坦尚尼亞北部的恩戈羅恩戈羅產區（Ngorongoro）的咖啡就是如此，夜間溫度急速下降，使得咖啡果實較晚成熟，採收期也會晚一個月。

我也嘗試過這個產區的咖啡，風味截然不同，令人驚訝。也就是說，這些例子正好應驗了日部先生主張的「油脂含量多，就會有豐富的香氣」說法。

談到「出現之後」時期的其他改變，就是優質產區、莊園改為「多品種少量生產」的模式，使得咖啡的分量變成「微量批次」。過去的咖啡生豆是以貨櫃（約二五〇袋。一袋約六十公斤）為單位，現在變成少量的十袋或二十袋，甚至還有不到一袋的例子。儘管如此，產地還是願意裝箱運送到我們手上，可以想見這是多麼了不起的時代。

總的來說，中美較多小規模莊園，過去他們一直沒有自己的精製工廠，都是委託出口貿易公司的工廠代為處理，不過到了「出現之後」的現在，他們開始有了獨立的精製工廠，或是幾個莊園共同經營一間工廠。同時，他們也細心處理出口貿易業者、直接往來的海外客戶訂單，致力於維持固有的味道。

但是這種趨勢也有缺點。只有一家莊園的話，生豆尺寸會參差不齊。以巴西某莊園的精品咖啡為例，篩網16以上就屬於優質咖啡豆了，無法指望出現篩網17或18起跳的尺寸。

哥倫比亞也一樣，只靠大顆的特選級生豆，數量不夠，因此會混入約兩成的上選級豆，並且以「某某農會生產」的品質評審精選等名目販售。這應該算是一種苦肉計吧。

由「少品種大量生產」進入「多品種少量生產」的時代，出現「極小規模精製工廠」與「微量批次」也成了天經地義的情況。可以確定的是咖啡界的潮流已經變成「重質不重量」，但卻也存在著進退兩難的抉擇。

圖表 06　咖啡的栽培條件

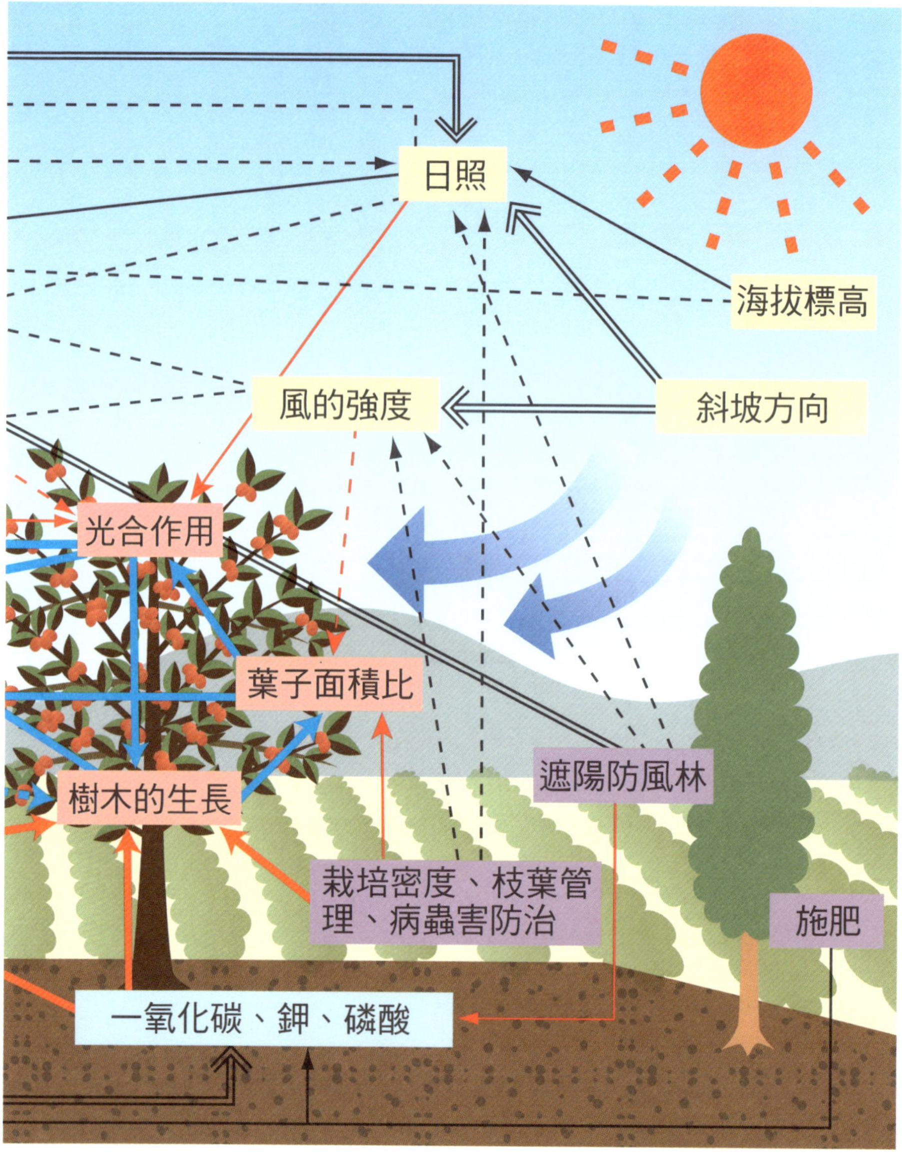

咖啡也進入少量、多品種生產的時代，因此咖啡樹的栽培管理更顯重要。上圖是咖啡樹栽種時，氣候、土壤等各項條件交互作用產生的關係圖。

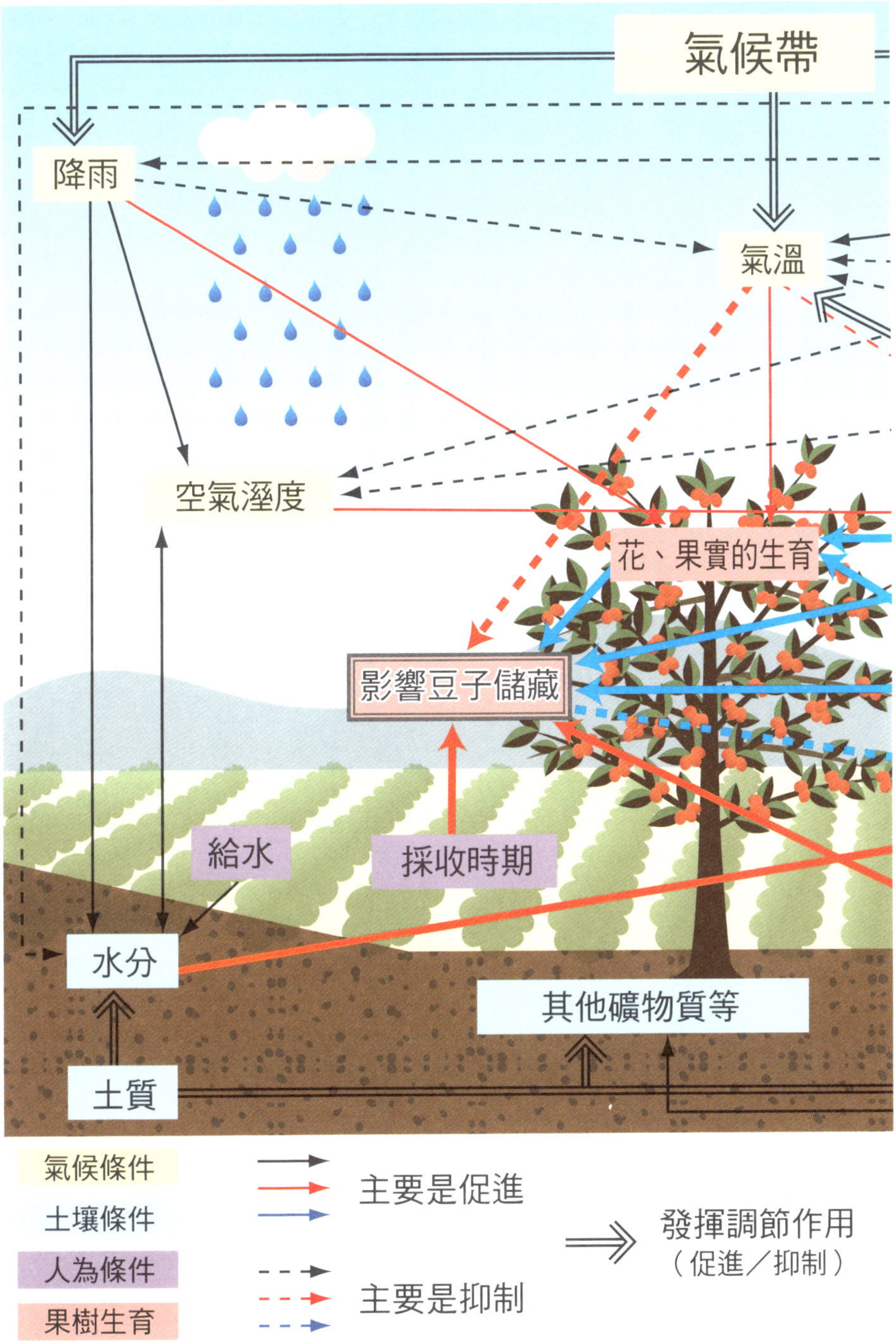
氣候帶
降雨
氣溫
空氣溼度
花、果實的生育
影響豆子儲藏
給水
採收時期
水分
其他礦物質等
土質
氣候條件
土壤條件
人為條件
果樹生育
主要是促進
主要是抑制
發揮調節作用
（促進／抑制）

1—4 果實與熟成——味道與香氣的關係

●純白清新的花朵在雨後綻放

本節前半段將談談咖啡（阿拉比卡種）的栽培與採收，後半段則討論隨著果實逐漸成熟，咖啡豆的組成成分會產生什麼樣的增減變化。

首先是「播種」。咖啡的播種並非直接將生豆撒在田裡，生豆不會順利發芽，必須將熟透的紅色咖啡櫻桃果肉剝開，從裡頭取出帶殼豆（帶著內果皮的生豆）。包裹生豆的薄膜稱為內果皮（可參考19頁的圖）。播種時不是撒種子，而是將這個帶殼豆撒在苗床上，大約四〇～六〇天之後會發芽。

發芽過了約六個月，就會長出二〇～五〇公分的苗木。但此時苗木仍不夠強壯，必須在苗床掛上防寒紗（註1）等，遮住強烈日曬。

待度過了雨季，將苗木移植到莊園裡，定植後，大約三年會長成一公尺高的咖啡樹並開花。純白的五瓣花在雨後同時綻放，散發出類似茉莉花的甜甜香氣。這些清新的花朵散落時比櫻花更楚楚動人。咖啡花只會綻放三天就一口氣凋謝，然後原本開花的部分會結出飽滿的綠色果實，要經過一段時間才會變成紅色。大約六～八個月之後，果實成熟變成紅色，成為名副其實的紅色櫻桃，這時就可以採收了。

野生的咖啡樹若是放著不管，大致上會長到十公尺高，這樣的高度不便採收，因此一般都會將樹高限制在一・五～二公尺之內，以利採收。另一方面，咖啡農多年來也致力於開發矮樹種的咖啡樹。簡單來說，品種改良的重點就是「產量高、耐病力強、早熟的矮樹種」。

接下來在進入「採收」的話題之前，我想稍微提一下「咖啡帶」。全世界有六十多個咖啡生產國，其中大半都位在赤道南北兩側的回歸線範圍之內，這些咖啡栽培地區就稱為咖啡帶。

隸屬南半球咖啡帶範圍內的有巴西、哥倫比亞、坦尚尼亞、印尼等，採收期是五~九月。另一方面，隸屬北半球咖啡帶範圍內的包括瓜地馬拉、巴拿馬等中美各國、肯亞、衣索比亞等，採收期是九月到隔年一月左右。採收作業通常會在乾季進行。巴西是從東北邊的巴伊亞州開始，逐漸南下到巴拉那州結束採收期（五~九月），而中美各國則是從低地逐漸往高地移動，進行採收。

●樹枝上同時有紅色與綠色果實

不同產地有不同的採收方式。巴西除了人力之外，還使用大型自動採收機。其他國家一般則是僱用摘果人進行人海戰術。雖說是手摘，但不是只摘下成熟的紅色果實。莊園位在強烈日曬照射的斜坡上，若是只挑選成熟的豆子，工作效率會顯著低落。再加上適逢採收季節才有工作機會的摘果人，薪水多半是按照摘採的果實「重量」比例計算，因此經常出現連同尚未成熟的綠色果實或枝葉一起採收的情況。

我前面也說過：「純白清新的花朵在雨後綻放。」開花期在雨季，經常下雨。也就是說，同一樹枝上的果實成熟程度不一致，因此不可能在人工摘採時，只取完全成熟的果實。即使是老練的摘果人也很難只摘下成熟豆。這也是原因之一。

為什麼不能混入未成熟豆呢？因為這種豆子只要混入烘焙豆當中，即使只有一顆，也會破壞咖啡液的味道。因此部分有良心的莊園在採收後會再進行一次篩選。

我們看看旦部先生設計的圖表（44頁）。這張圖表說明咖啡從結果到成熟這段期間，咖啡豆裡累積的成分含量變化。

請看尚未成熟階段（左側縱虛線）的特徵，蔗糖與蛋白質的含量還不夠多，而綠原酸含量非常多。

「蔗糖與蛋白質經過烘焙會帶出咖啡的香氣和顏色，是不可或缺的成分。蔗糖經過烘焙之後，就

圖表 07　咖啡豆的成長與成分的產生時期

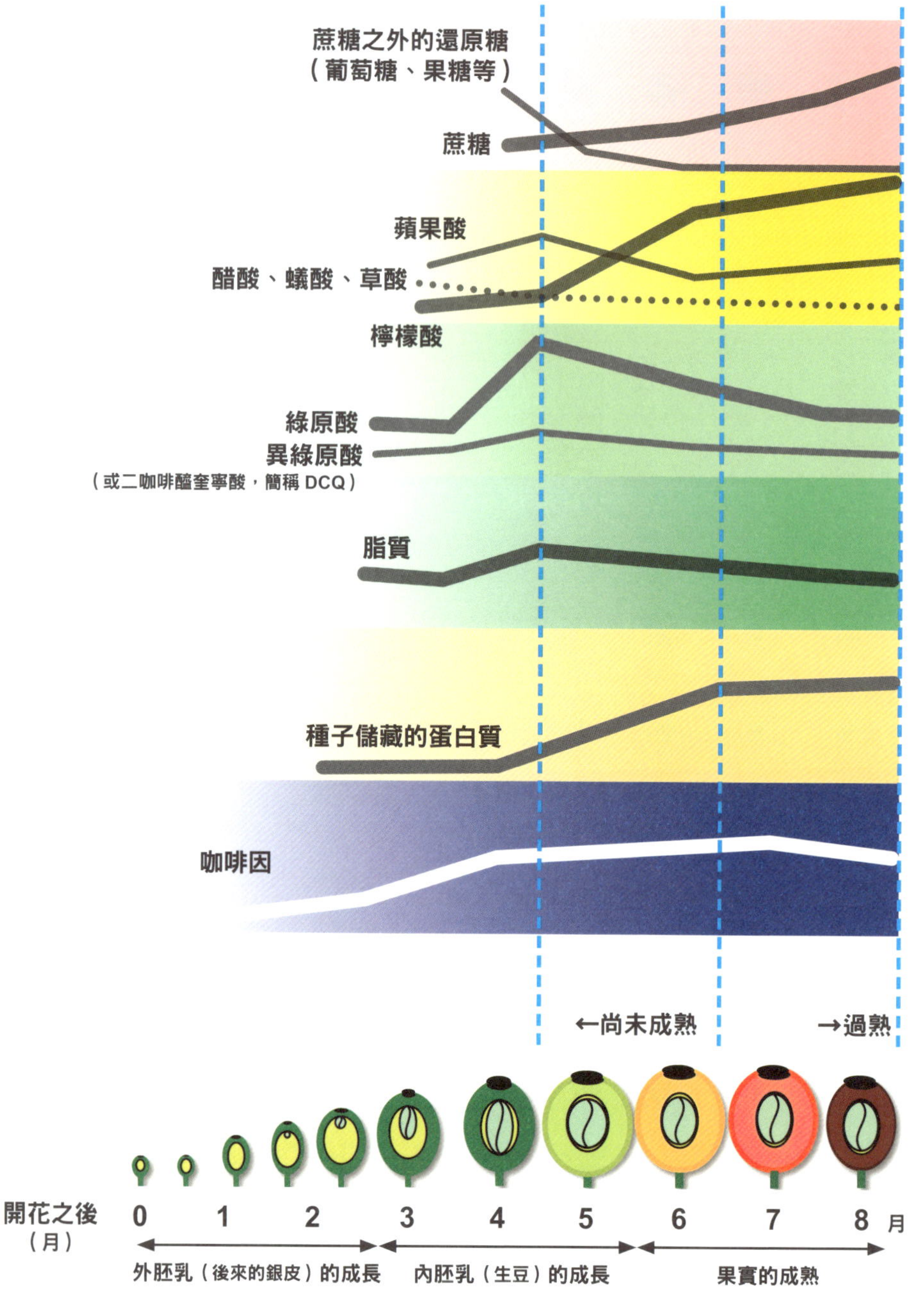

是優質酸味的來源；一般認為，品質愈好的生豆，蔗糖含量愈多（71頁圖表13）。綠原酸則是咖啡苦味的重要成分，在咖啡豆尚未成熟時含量多，成熟後就會逐漸減少。利用手選步驟挑出未成熟豆的原因，其實就是為了將綠原酸，且是會帶來不舒服金屬澀味的異綠原酸（綠原酸的夥伴）剔除。這就是混入未成熟豆的咖啡又澀又酸或又苦又澀的原因。」（旦部）

為什麼咖啡果實在尚未成熟時含有大量綠原酸呢？旦部先生解釋：

「還沒有形成種子的時候又酸又澀，才不會被鳥類或動物吃掉。這也是植物保護種子的本能。」

過去一提到咖啡的苦味成分，一般人第一個想到的就是咖啡因，至今仍然有許多人如此相信著，但其實咖啡因的影響出乎意料的小，對於苦味的貢獻也遠比褐色色素、綠原酸等低的多。

那麼，綠原酸愈多愈好嗎？旦部先生說：

「一般人認為生豆中的綠原酸類含量愈多，在杯測評分上愈是無法拿到高分。」

事實上，羅布斯塔種的綠原酸含量較阿拉比卡種更多。發酵豆、黑豆等瑕疵豆裡也含有大量的綠原酸，因此綠原酸就像是無法以普通方法對付的無賴。

●未成熟豆的可怕與過熟豆的危險

接著我們看看圖表正中央的縱虛線。越過這條虛線的果實，也就是已經可以採收的成熟豆。越過這條線的豆子會產生什麼樣的變化呢？首先是蔗糖含量增加。相反地，綠原酸則是大量減少、蛋白質達到一定的含量，然後蘋果酸減少、檸檬酸增加。

這些資訊表示什麼？表示蔗糖、蛋白質累積足夠的含量，伴隨綠原酸減少到適當的含量，就能夠產生穩定均衡的風味，製造出咖啡應有的味道。

所以未成熟豆的綠原酸含量仍然偏多，而蔗糖與檸檬酸偏少，因此往往會出現若干澀味，酸味也較為刺激。

這裡檸檬酸與蘋果酸的差異開始出現。如果檸檬酸是柑橘類的酸味，蘋果酸就是青蘋果的收斂型酸味（伴隨澀味的尖銳酸味）；咖啡果實愈成熟，檸檬酸就會多於蘋果酸。

插個題外話，據說在咖啡師大賽的「拉花藝術」項目比賽中，選手最愛使用的肯亞咖啡豆裡，所用的豆子大多是蘋果酸比檸檬酸含量多。原因是品種還是風土，沒有明確的答案。

過熟的咖啡豆又是什麼情況呢？圖表最右邊的虛線就是過熟的狀態，綠原酸、咖啡因、蛋白質等的含量幾乎固定，但是蔗糖、有機酸的含量卻愈來愈多，因此味道失去平衡，帶有強烈的酸味及甜甜香氣，若採用中度烘焙的話，容易出現焦糖、糖漿、草莓、楓糖漿等香味，與酸味交互作用，會形成明顯的水果風味。

若再繼續成熟，部分果肉開始發酵，隨之形成如水果般的香氣會轉移到生豆上，出現果香、花香、葡萄酒般的風味。這樣聽來「過熟」似乎是最佳狀態，但是各位別太早下定論，過熟同時也會產生發酵味、黴味等異味，必須考慮到這項風險，不能一概認定過熟就是好。

註1：防寒紗。覆蓋在農作物表面遮蔽寒冷與日光直曬的布。通常是麻布等平織粗布，可保護咖啡苗避免曬傷。咖啡不耐陽光直射，曬傷的話，葉子會變黃而無法行光合作用。

1—5 精製——味道與香氣的關係

「乾式精製法」成為潮流

成熟的紅色咖啡果實吃起來超乎想像酸甜，絕不難吃，不過種植咖啡原本就不是為了吃果實，我們想要的是果實中央那對橢圓形的種子，也就是咖啡豆。為了取得這些種子，必須絞盡腦汁使用各種方法將甜果肉、內果皮、果膠（黏膜層）等清除乾淨。這個去除過程就稱為「精製」。

現存的精製方式種類繁多，不過精製的目的只有一個，也就是從果實裡取出咖啡生豆。咖啡經過精製之後才有價值，能夠長期保存及運送。一般來說，想要取得一公斤的咖啡生豆，需要五公斤的果實。

精製是一項大工程，也可說是目前最受矚目的工程。生產者選擇何種精製方式，將會製造出千變萬化的咖啡香味，因此精製法也可說是最適合在「香味至上主義」，亦即精品咖啡登場之後的現在來討論的主題。

精品咖啡登場之前的時代，精製的首要目的就是取出生豆，當時的精製法是傳統的「乾式」及「溼式（水洗式）」兩種。正確來說還有一種介乎兩者之間的精製法，稱為「半水洗式」。透過這些方式精製之後，咖啡豆會產生與原本不同的味道與風味，其中「溼式」精製法的咖啡豆較少瑕疵豆、無雜味，因為味道「乾淨」而受到歐美，尤其是美國的青睞。

但是，精品咖啡出現之後，潮流改變了。有人開始主張：「乾淨的味道固然好，不過太乾淨的味道缺乏個性。」因此杯測評價也下跌。那麼哪一種精製法開始受到好評呢？答案很諷刺，就是原本被視為較劣等的「乾式」精製法。

●「乾式」與「溼式」的起源

為什麼潮流會出現這樣的轉變？請教旦部先生，他說因為一般人認為乾式精製的味道較濃郁。例如以乾式精製為傳統的葉門・摩卡咖啡豆自古就具備葡萄酒般的香氣；最近出現在市場上的乾式精製巴拿馬藝妓咖啡豆，賣點則是「類似發酵的獨特香氣」。但如果沒處理好，那個味道或許就會被歸類為負面發酵味了，但是藝妓豆卻得到正面評價，評審認為：「這個味道獨特又有趣。」潮流大幅轉變，而帶來這種全新價值觀的乾式精製法就稱為「自然乾燥法」。

「乾式精製法在過去是相對於溼式精製法，因此也稱為非水洗式精製法，不過『非水洗式』給人『沒有清洗（骯髒）』的負面印象，因此巴西等地採用乾式精製法的生產者們，捨棄『非水洗式』這個名稱，認為『自然＝天然』這樣的字眼讓人有好感，而改稱之為『自然乾燥法』。最近出現的高級藝妓種也推出採用『自然乾燥法』的商品。」（旦部）

前面也提過，取名是非常重要的事。例如從前的人若直接將廁所稱作「茅坑」就太過直白，一點也不含蓄，但是稱為「雪隱」就顯得悠然脫俗，甚至感覺風雅。「非水洗式」聽起來的確比「水洗式」難聽。在講求環保的時代裡改稱「自然」，也是時代必然的趨勢。

在開始詳細說明各精製法之前，在此先借用旦部先生的智慧，回顧一下精製法的歷史。

在不久之前，「溼式」精製法還佔有優勢，也被視為標準步驟，但事實上最早開始栽培咖啡時，全都採用「乾式」精製法。做法是將摘下的紅色果實攤放在地上，利用太陽曬乾；曬乾後剖開果實，取出裡頭的種子（生豆）。這就是咖啡栽種初期採行的模式。

後來，荷蘭和法國將咖啡栽種推行到全世界，一八五〇年代，在加勒比海的西印度群島上開發了「溼式」精製法，從此成為精製法的新標竿。

進行乾式精製必須符合一些條件，如生產者必須擁有能夠攤開豆子的平地空間，並確保豆子有足夠的日曬乾燥時間。但是加勒比海一帶的氣候在採收期容易下雨，無法穩定的進行日曬乾燥。因此出現了稱為「Pulper」的果肉去除機。經過果肉去除機處理的豆子，在裝滿水的發酵槽裡去除殘留在內果皮上的黏液，將豆子清洗乾淨並烘乾，這就是早期的「水洗式（溼式）」精製法。

採用這種方式可提高精製度，也能加快精製速度，因此不久就在多數產地間普及。但是這種水洗式精製法需要使用大量的水，因此無法大量用水的巴西、衣索比亞、葉門等地方，仍舊採用乾式精製法。

●各精製法的優缺點

以上是精製法的歷史概要。總的來說，「出現之前」時期的精製法目的只是為了取出生豆，大致可分為「乾式」與「溼式」兩種，當然味道也不同。進入「出現之後」時期，精製法的用意不再只是取出生豆。生產者認為既然精製過程能夠改變咖啡味道，只要在這個步驟上花點心思，就能夠創造出多樣的味道與風味。其中一項心思就是待會兒要詳細介紹的「半水洗式精製法（PN法）」。

那麼，我們就從「乾式（自然乾燥法）」開始談起吧。

●乾式（自然乾燥法）

前面已經說過，乾式精製法的處理過程相當單純，只是將採收的櫻桃果實（咖啡果實）攤在稱為「Patio」的日曬場上直接曬乾而已。外型如櫻桃的紅色果實經過一週日曬，就會產生褐變，外皮和果肉變硬、容易剝下。剝掉曬乾果實（巴西稱為可可）的外殼後，得到的就是生豆了。

我過去也曾提過多次，每種精製法都有各自的優缺點。有些問題與莊園本身的自然環境、基礎建設等硬體設備有關，因此無法簡單認定優劣。乾式精製的咖啡豆具有獨特香味，從以前就有一派死忠擁護者。但是乾式精製當然也有缺點。與溼式相比，乾式精製的成熟度較難統一，容易混入未成熟等瑕疵豆。

另外，乾式精製的豆子偏軟，但特色是擁有豐富酸味。按照旦部先生的說法，乾式精製會使檸檬酸、蘋果酸等有機酸的含量略為減少。相反地，溼式精製的豆子，這類有機酸的比例較高，容易產生類似新鮮水果的酸味。

那麼，乾式精製的味道沒有優點嗎？也不是這樣。乾式精製底下還分成巴西式、葉門式、中美式，這些不同的方式會導致生豆彼此有微幅的差異（多半是因為乾燥速度快慢差異造成），不過大致上都有「巧克力&堅果類」的香氣。相對來說，溼式精製較容易產生「水果&花香類」香氣。各位先記住這點即可。

「巴西是乾式精製的國家，因此相關發表只會提到乾式精製法效果卓越。他們經常批評溼式精製法，理由是『糖分會減少』。事實上溼式精製的確會減少少量葡萄糖或果糖。原因有二，一是因為浸泡在發酵槽裡，糖分流失了；另一點是因為糖分成了微生物的食物。」

旦部先生的說明簡單明瞭。那麼，糖分減少對於香味會產生什麼樣的影響呢？旦部先生繼續說：

「糖分減少，烘焙產生的酸也跟著減少，因而不易產生焦糖、糖漿、堅果、巧克力這類香味。換言之也就是變成標準味道，亦即咖啡應有的香味。特徵是經過深度烘焙之後，較容易產生微辣的香料香味。」

採用淺度烘焙會產生新鮮水果的酸味；深度烘焙則會散發出類似苯酚（舊譯「石炭酸」）的香料味。這就是「溼式」精製法的特徵。

●「乾式」受歡迎的背後存在對「摩卡味」的鄉愁

話說回來，使用乾式精製法的主要產地是巴西和葉門，不過最近中美洲也開始採用。（前面也稍微提過巴拿馬產的自然乾燥法藝妓咖啡。）中美洲的主流原本是「溼式」或「半水洗式」，進入「出現之後」的時代後，他們開始將乾式精製咖啡送上拍賣會，於是得到了更高的拍賣價格。

中美洲的巴拿馬有一家與巴哈咖啡館有生意往

來的「唐帕奇莊園」。這座咖啡莊園的規模較小，每年生產將近一噸的藝妓種咖啡。過去採用自然乾燥法精製的藝妓種頂多五十公斤，二〇一二年卻增加到三百公斤。莊園老闆老唐帕奇先生直接找上我，說：

「我們今年不參加網路拍賣會。田口先生，你有沒有興趣買？」

我立刻全數買下。

唐帕奇莊園位在巴拿馬波魁特（Boquete）產區。此產區地處高地，而唐帕奇莊園又是位在山谷中，容易起霧。其實這個產區天生就不適合採用乾式精製法。甚至聽說這地區有莊園是利用氣象衛星資料預測何時有連續晴天的日子，並由此逆推，進行採收。

既然如此，為什麼要辛辛苦苦在巴拿馬生產自然乾燥的藝妓咖啡呢？曾經喝過多次巴拿馬藝妓咖啡的旦部先生這樣解釋：

「巴拿馬自然乾燥的藝妓咖啡不僅具備溼式精製咖啡的柑橘類香氣，同時還有完全不同的類葡萄酒香氣、花香、果香。巴西自然乾燥優質咖啡的特徵則是具有堅果、巧克力香氣，所以即使同樣採用自然乾燥法精製，香氣也完全不同。若要舉例的話，比較類似葉門咖啡，而且帶有一股從前的『摩卡香』。」

唐帕奇莊園的自然乾燥藝妓咖啡的確有強烈花香，感覺有一部分快要發酵，而這點反而成為該咖啡豆的個性。

前面談了許多關於乾式精製法，不過不是每家咖啡莊園都有多餘心力為拍賣會打造個性咖啡，因此大家大多直接選擇「跟風」，因此造就了乾式精製法的風潮。

●「溼式」缺乏個性是因為過度追求乾淨

●溼式（水洗式）

有人覺得溼式精製的咖啡似乎缺少了些什麼，因此現在有些人認為自然乾燥法比較好，有些人則偏好蜜處理（＝PN法）。精製法的優劣評價也像女人心一樣多變。

圖表 08　咖啡的精製法

ⓐ乾式（自然乾燥法、日曬法）

採下的咖啡櫻桃直接曝曬在陽光下，等待曬乾後去殼的精製法。容易混雜異物，因此精製程度較低。

- 採收
- 日曬場：日光曝曬
- 去殼機：去除果肉等
- 風力選豆機／電子選豆機：・手選、篩網、・去除瑕疵豆、・分等級
- 出口

蘇門答臘溼剝式

在附黏膜的內果皮尚未完全乾燥時就去殼，接著繼續乾燥的精製法。

- 採收
- 果肉去除機（Desprovador 或 Pulper）：・去除果肉、・去除雜質、・去除無法浮在水面上的物質（石頭、垃圾、瑕疵豆）
- 日曬場：・曬乾仍帶著黏膜的內果皮
- 去殼機：・在仍含有二〇%的水分時，去除內果皮
- 日曬場：・繼續曬乾直到符合出口標準
- 篩選：・利用手選等方式分等級
- 出口

ⓑ溼式（水洗式、全水洗式）

去除果肉，在發酵槽內去掉內果皮上剩餘的黏膜後水洗的精製方式。精製程度高，能夠以較高的價格出售。

- 採收
- 蓄水槽：・去除雜質、去除浮在水面上的東西（垃圾、葉子、死豆）
- 果肉去除機（Desprovador 或 Pulper）：・去除果肉、・去除雜質、・去除無法浮在水面上的物質（石頭、垃圾、瑕疵豆）
- 發酵槽：・去除內果皮上附著的黏膜
- 水洗池：・水洗、・選出質量輕的豆子和豆質堅硬的豆子
- 日曬場：・日光乾燥
- 乾燥機：・機器乾燥
- 去殼機：去除殘留的內果皮
- 風力選豆機／電子選豆機／比重選豆機：・手選、篩網、・去除瑕疵豆、・分等級
- 出口

ⓒPN法（Pulped Natural、半水洗式）

乾式與溼式的折衷型。利用機器去除外皮與果肉，不使用發酵槽。

- 採收
- 果肉去除機（Desprovador 或 Pulper）：・去除果肉、・去除雜質、・去除無法浮在水面上的物質（石頭、垃圾、瑕疵豆）
- 日曬場：・曬乾仍帶著黏膜的內果皮
- 去殼機：・去除殘留的內果皮
- 篩選：・機器篩選
- 出口

圖表 09　精製法及其特徵

精製方式		味道	香氣	缺點
ⓐ乾式（自然乾燥法、日曬法）	巴西／低發酵型	淺度〜中度烘焙時，會有柔軟順口的酸味（如傳統巴西聖多斯的酸味）	淺度〜中度烘焙時，有棉花糖、糖漿類的甜香味、奶油類的香味。中度烘焙以上的話，會有堅果類、巧克力、可可類的香氣。	可能出現帶土味、黴味等「污染香味」的瑕疵豆。
	中美、葉門／中發酵型	淺度〜中度烘焙時，會有柔軟順口的酸味（如傳統的葉門．摩卡的酸味）	成熟水果、花香、類似葡萄酒的香味（巴拿馬．自然乾燥藝妓、葉門．摩卡的「葡萄酒般的風味」）。	可能出現異常發酵造成的發酵豆（發酵味的豆子）釋放出的「臭酸味」、來自土壤的土味、黴味等。
ⓑ溼式（水洗式、全水洗式）		苦味與甜味均衡，滋味醇厚，獲得「溫和順口」的評價。另外，淺度〜中度烘焙之後，容易出現類似新鮮水果的酸味。	乾淨又華麗，呈現標準「咖啡應有的香氣」。經過淺度烘焙，會出現新鮮水果香氣。深度烘焙後則有明顯的香料香味。	若水槽裡繁殖出異常的酪酸菌等物種，會出現食物酸敗的發酵豆味道。
ⓒPN法（Pulped Natural、半水洗式）	環保水洗法 黃色 紅色 黑色	可利用控制果肉的殘留量調整香味 ●環保水洗法：與水洗式精製法同樣呈現清爽乾淨香味。 ●蜜處理：介於自然乾燥法與水洗式精製法中間。按照咖啡從黃色、紅色轉變至黑色的順序，從偏向水洗式的處理法開始，轉變為自然乾燥法（低度→中度發酵）。	●環保水洗法會產生乾淨又清爽的香氣。 ●蜜處理則是與自然乾燥法同一類的香味。類似巧克力的甜香味強。殘留的果肉愈多，成熟水果（莓類、黑櫻桃）的味道、葡萄酒、麥芽、發酵味也會增強。	蜜處理精製法有時會因為發酵異常，產生帶有「類似食物酸敗味」的發酵豆（發酵味豆）。

話說回來，溼式精製法與美式價值觀有很深的連結。巴西選擇乾式，而哥倫比亞、中美各國選擇溼式，當然一方面也是因為這些國家用水較方便，然而由於這些地區較靠近美國的緣故，在政治上一般也被稱做「美國的院子」。SCAA（美國精品咖啡協會）於三十年前成立時，要求咖啡味道的必要條件之一就是「乾淨」。而水洗式精製法，也就是溼式精製法製造出來的咖啡才符合美國標準。

「溼式精製在水洗過程中也有微生物發酵，因此產生的香氣有著不明顯的果香與華麗的花香。但是因為當時過於講究『乾淨』，因此使用大量清水洗掉內果皮、徹底清除黏膜（果膠），把味道洗掉了，導致溼式精製咖啡豆缺乏個性。而過去得到負面評價的發酵類味道，現在反而受到了矚目而鹹魚翻身。『若參上一點點發酵味，就變成討喜的味道。』另一方面也是因為精製技術漸趨穩定，所謂的發酵味在某些程度上來說已經能夠受到控制。這點影響很大。」

旦部先生提到味覺評鑑標準的改變時，這麼說道。

看過52頁的圖表就能明白「溼式」精製反而費事，也是因為如此才會被認為精製度高。但如果精製過了頭，往往會導致量產出缺乏個性的豆子。瓜地馬拉就是個好例子，該產區熱衷於 Soaking（用清水浸泡並洗淨內果皮），不免讓人有些擔心：「咖啡的味道不會消失嗎？」

由於我個人偏好溼式精製法，雖然前面提出了不少批評，不過溼式精製法還是有許多逐漸被人遺忘的優點。此法採用水槽發酵，只要發酵適當，就能夠製造出花香和果香。

與中度發酵型的自然乾燥法及蜜處理法相較，溼式精製多了加水稀釋的步驟，稍微控制了發酵程度，因此有著令人印象深刻的華麗香氣。自然乾燥法與蜜處理法反而有較為強烈「經過發酵」的感覺。

巴西當時引進的PN法，是極力避免留下黏膜的精製方式，因此味道評價雖然「乾淨」，卻也因為沒有經過發酵而少了些華麗。這就是「缺乏個性的乾淨」的典型代表。因為這些豆子經過水洗，也就是「Soaking」，連味道都被洗掉了。

採用PN法的業者認為這樣下去可不行，於是開始採行蜜處理法，想打造出「發酵香味」。姑且不論香味的部分，不排放廢水、環保便十分受到好評，「環保水洗法」也同樣獲得支持。

「一般認為無論採用上述何種精製法，這些傾向自然乾燥法、蜜處理等的擁護者，都是基於反對精品咖啡時代早期過度講究的『乾淨主義』。」（旦部）

這種蜜處理法可說是哥斯大黎加目前最致力發展的精製法。哥斯大黎加咖啡豆原本顆粒小又缺乏個性，沒有處理好的話，只能用來增量。不過這樣的哥斯大黎加咖啡豆現在已經脫胎換骨了。

至於溼式精製法的香味，在乾式精製的地方已經提過。苦味與甜味均衡，也具有醇厚度，因此該味道被評為「溫和順口」。紐約交易所的「哥倫比亞溫和（Colombia Milds，指的是哥倫比亞、肯亞、坦尚尼亞產的水洗式阿拉比卡種咖啡）」、「其他溫和（Other Milds，指的是『哥倫比亞溫和』之外的其他中美產水洗式阿拉比卡種咖啡）」評價都高於巴西咖啡豆，就是這個原因。

●有「黏膜」因此稱為「蜜」

接著我想談談「出現之後」時代最具代表性的精製法——「蜜處理法」。

●PN法（蜜處理法）

到了「出現之後」時代，大幅改變的是生產者與消費者的環保意識。「永續經營」一詞也在咖啡生產第一線逐漸普及。他們主張不破壞自然環境，經營永續農業（咖啡生產），也秉持這樣的理念。

最具代表性的就是不將咖啡豆（帶殼豆）浸泡在發酵槽中的精製法逐漸增加。溼式精製法使用發酵槽，利用微生物去除黏膜，卻也製造出大量的廢水。這樣一來就與永續咖啡的理念背道而馳了，因此有了「PN法」的出現。簡言之，此方法就是利用稱為「Pulper」的果肉去除機去除咖啡櫻桃的果肉後直接乾燥。此法是源自巴西的「半水洗式」精製法。

一般稱之為「蜜處理（Honey Process 或 Miel Process）」的做法就是這種精製法的變化版。先用「Pulper」去除果肉之後，再以「黏膜去除機（Mucilage remover）」強行去掉帶殼豆表面的黏膜（果膠），不過接下來的步驟又是各有不同的獨門妙招。

原則上一〇〇％去除黏滑果膠物質的做法稱為「環保水洗法」，哥斯大黎加和薩爾瓦多等產地幾乎都採取這種方式。不使用發酵槽，不破壞環境，全是為了取得「永續咖啡」的認證。

而「蜜處理」又是如何呢？此法故意留下少許果膠，沒有一〇〇％完全去除，也就是調整機械速度，留下三十％或七十％的「黏膜」，並按照果膠含量比例的高低，分別稱為黃蜜、紅蜜、黑蜜等。中美洲稱果膠為「Miel」，與蜂蜜是同一個字，因此稱這種附果膠的咖啡「蜂蜜咖啡（Honey Coffee）」，就像在稱呼情人一樣。

為什麼要進行這些繁複的步驟呢？簡單來說就是因為「水洗式（溼式）的味道枯燥單調，相較之下，蜜處理的咖啡味道較複雜」。此一發展的背景因素在於生產者老是在想：「要怎麼做才能讓咖啡賣出高價？」

●唯有蘇門答臘精製法將生豆直接乾燥

杯測上不喜歡發酵味或過熟味，不過若是出現類似成熟香蕉、甜瓜的香氣，分數就不會太低。說得更直接一點，若是出現類似高級葡萄乾的香氣，就更容易得到高分。在這個隨著風潮而改變的味覺評鑑中，「蜂蜜咖啡」目前多半獲得正面評價。杯測員之間的負面與正面評價標準也經常變動，我認為現在正處於重新彙整標準的階段。

蜂蜜咖啡的香味基本上與自然乾燥法屬於同一類型。「總的來說酸味溫和順口。烘焙後，類似巧克力的香氣和甜香會增強。然而若是『果膠含量』較高的黑蜜，則會有較強烈的成熟水果香、葡萄酒香氣、麥芽香氣。」

旦部先生這麼說。黃蜜的話，即使相對而言味道較為「乾淨」，但有些杯測員對於這種乾淨程度不甚滿意。

●蘇門答臘精製法

蘇門答臘精製法是以生產曼特寧咖啡聞名的蘇門答臘島所採用的精製方式，目前蘇拉威西島（Celebes）和巴布亞紐幾內亞也採行。這是荷蘭殖民時代傳來的水洗式精製法的變化型之一，不過步驟稍有不同。

特徵主要有兩個。一是此法不使用大型發酵水槽去除黏膜。二是在咖啡豆水分含量仍有四十～五十%的狀態下去殼。因此也稱為「溼剝法」。

其他產地通常將採收的咖啡果實集中至大型工廠再行精製，不過蘇門答臘島則是前半步驟先由小規模莊園自行精製。他們當然不會有像樣的發酵槽或日曬場等，因此使用的都是塑膠水桶。

「利用果肉去除機剝去果皮，讓殘留部分果肉與黏膜的帶殼豆泡在水桶裡發酵一晚。接著將這些已除去黏膜的帶殼豆稍微烘乾，等到水分含量剩下四十～五十%時，由盤商統一收集起來，趁著水分含量多時去殼，取出生豆烘乾。」（旦部）

其他精製法全都是以帶殼豆的狀態乾燥，只有蘇門答臘式是在生豆狀態乾燥。或許是這種特殊的精製法，使得曼特寧咖啡的生豆比其他咖啡豆帶有明顯的藍綠色，外觀看來也較柔軟。詢問之下才知道，原來該產地採收季節多雨，為了分工便利，才會發展出這種精製方式。

烘焙曼特寧的時候，會產生若干水果香混雜一點點土味或黴味，或是少許微辣的香料或香草等充滿異國情調的神祕香氣。另外，深度烘焙後也會出現明顯的苦味。

日本人從以前就愛這種深度烘焙的味道，因此曼特寧豆與摩卡豆一樣廣受咖啡迷喜愛。不過在精品咖啡界，這種稱不上「乾淨」的獨特香味該如何評分才好，實在很難決定。但是最近開始，有愈來愈多反對「乾淨味道」的支持者紛紛給予正面評價。

圖表 10　果肉、黏膜層的去除與精製

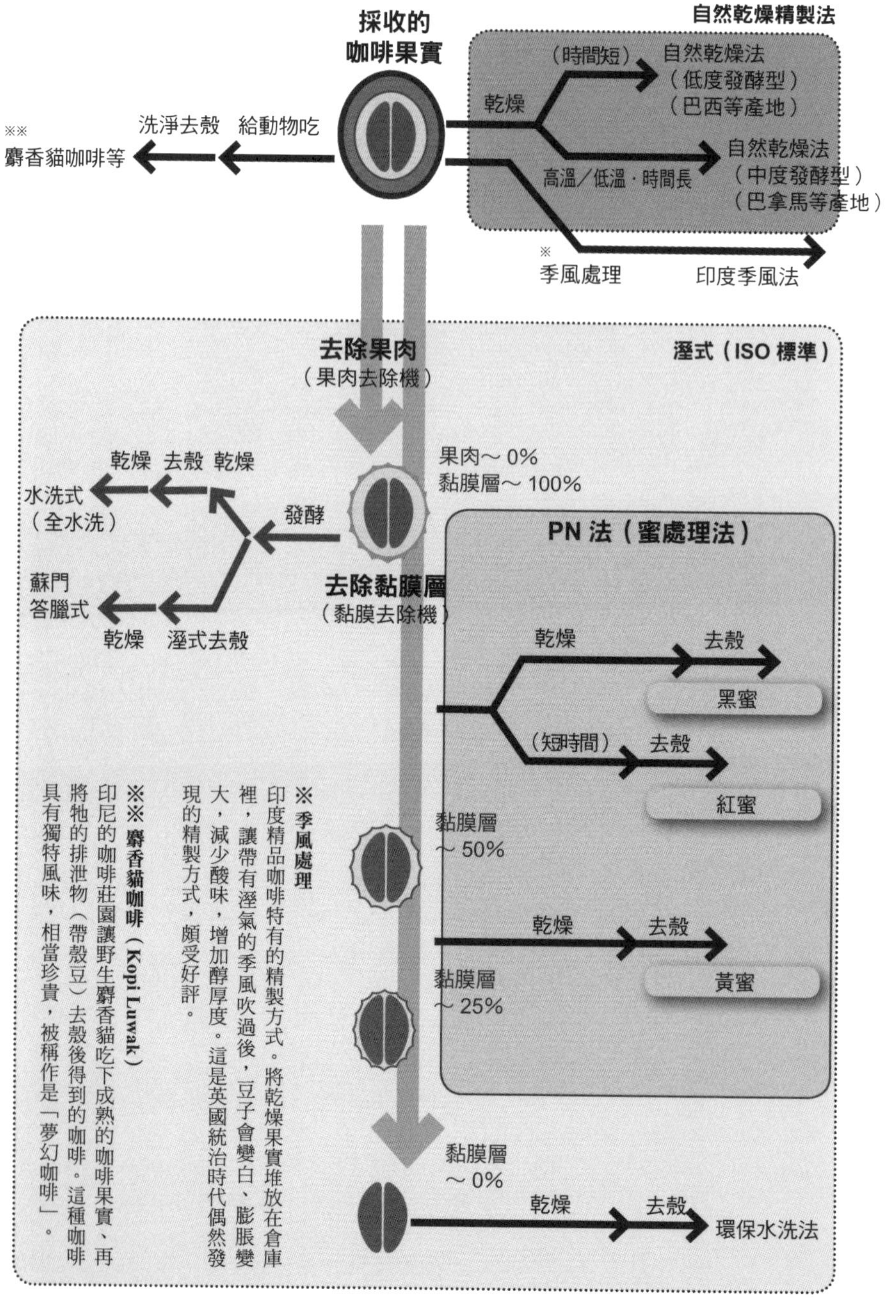

※季風處理
印度精品咖啡特有的精製方式。將乾燥果實堆放在倉庫裡，讓帶有溼氣的季風吹過後，豆子會變白、膨脹變大，減少酸味，增加醇厚度。這是英國統治時代偶然發現的精製方式，頗受好評。

※※麝香貓咖啡（Kopi Luwak）
印尼的咖啡莊園讓野生麝香貓吃下成熟的咖啡果實、再將牠的排泄物（帶殼豆）去殼後得到的咖啡。這種咖啡具有獨特風味，相當珍貴，被稱作是「夢幻咖啡」。

甚至有人開始大膽嘗試將這種曼特寧停在中度烘焙的程度。精品咖啡的曼特寧豆在中度烘焙時會產生類似葡萄柚或奶油糖（Butterscotch）的香氣。

事實上我也注意到這種香氣充滿魅力。現在，巴哈咖啡館將曼特寧烘焙到接近深度烘焙的中深度烘焙，就是這個原因。曼特寧基本上屬於「D型」豆（請參考下一章），原本就適合深度烘焙，不過上述的香氣進入深度烘焙區不久就會消失。我貪心地想要同時抓住深度烘焙的味道與中深度烘焙的香氣，於是才會採行這樣的烘焙程度。

到此為止，我們已很快速地瀏覽了各類型咖啡豆的精製方式。

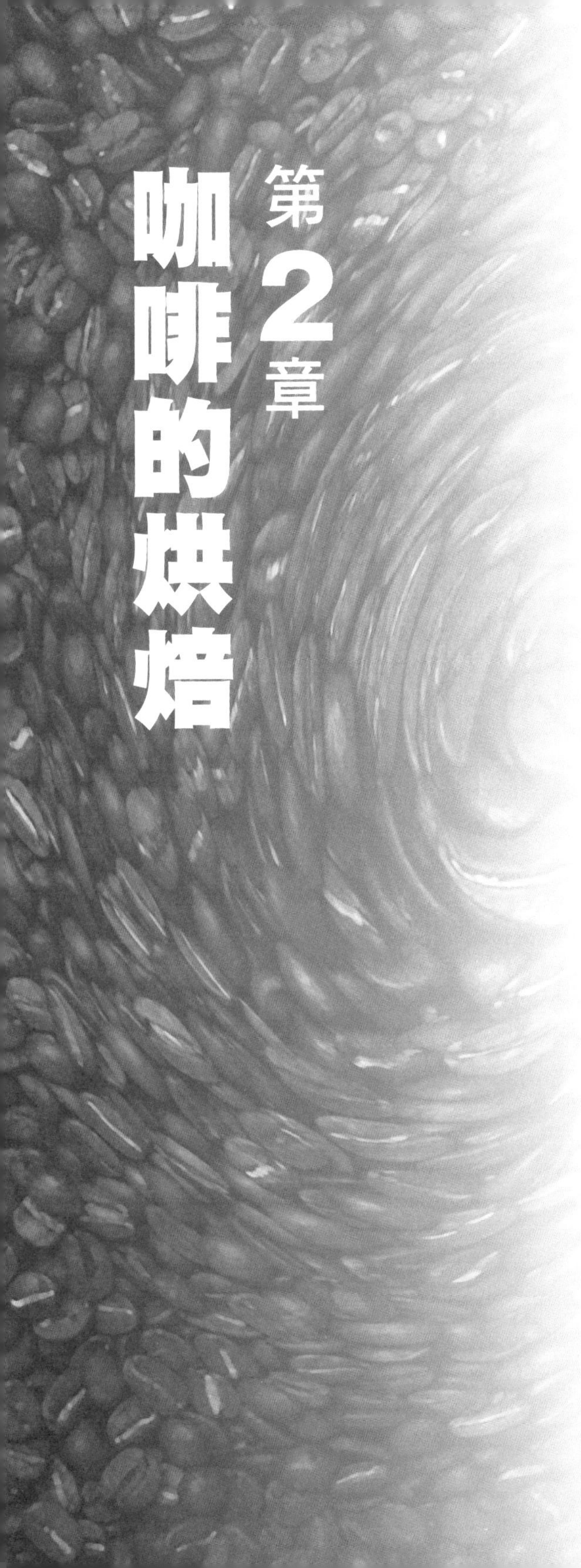

第2章 咖啡的烘焙

咖啡生豆一經過烘焙，味道與香氣會產生何種變化？在這一章裡，我們將透過技術人員與科學家的雙眼探究當中的改變。另外也將徹底分析直火式烘焙機與熱風式烘焙機的差異、稱為「玻璃轉移現象」的生豆質變真相、「蒸焙（脫水）」步驟不可忽視的重要程度等，並且更進一步將科學的解剖刀切入「系統咖啡學」之中，把咖啡豆分成A到D類型，從不同角度看「烘焙」。

2—1 何謂烘焙？

●烘焙的目的是為了找出最適當的「烘焙度」

「食用之前必須經過烘焙的東西包括可可豆、花生、杏仁、焙茶、銀杏果、大豆等。不過咖啡的烘焙在這當中仍屬特例，有時甚至必須烘焙到漆黑為止。烘焙溫度約介於一九〇～二五〇℃之間。除了咖啡之外，再也沒有其他東西需要經過如此高溫的烘焙。堅果類大約是一五〇℃。事實上沒有經過高溫烘焙的咖啡不會好喝。深度烘焙是來自於阿拉伯的影響，伊斯蘭教的信眾讓世人見識到了深度烘焙的豐富。」

旦部先生為我們解釋了咖啡烘焙的特殊性。

前面已經提過，咖啡的紅色櫻桃果實又甜又好吃，不過果實種子的咖啡豆本身沒有味道，不管是直接拿來煮或烤，都無法入口。也不是不能吃，只是不好吃。炒豆子撒上砂糖或做成奶凍（Blanc-manger）都很美味，生吃卻難以下嚥。

但是經過烘焙過程後，生豆的成分就會產生化學變化，散發出難以形容的香氣。之後，我們的祖先學會了將烘焙好的豆子磨碎，萃取精華的技術。

接著我想談談「什麼是烘焙」。烘焙的確是將咖啡生豆加熱煎焦的過程，不過這只是表象，背後目的在於打造不同的生豆特性，或者說找到能夠引出最鮮明個性的烘焙度（Degree of roast），並在正確的時間點停止烘焙。藉此，我們才能夠賦予不同咖啡豆最佳的品質。

每種咖啡豆最適當的烘焙程度不同。如果有人問該如何找尋，我會回答：「唯有靠自己多方面嘗試。」這一點在前作中也曾經提過，在我店裡，員工必須學習「基礎烘焙」。內容是將古巴或衣索比亞等咖啡豆烘焙到義式烘焙（可參考65頁）的程度，過程中必須在每個規定的烘焙階段確認並記住味道。

一開始是「淺度烘焙、中度烘焙、中深度烘焙、深度烘焙」四階段。習慣以後，就進入八階段、十六階段，有時還細分為二十四階段、三十二階段，同時對輕度烘焙到義式烘焙各階段進行杯測，確認香味變化。這就是巴哈咖啡館的「基礎烘焙」課程。

咖啡豆的性格可分為四大類型

說到烘焙八階段，大家或許還可以接受，但是到了十六階段、三十二階段，想必有人會退縮，不過我相信這個訓練將來會帶給各位許多幫助。為什麼要學習這麼麻煩的課程呢？主要是為了讓各位隨時都能夠準確烘焙出想要的烘焙度，並且在正確的時間點停止烘焙。

在我的前作《咖啡大全》中曾經將咖啡豆依照各別特性分成A～D四大類型。簡言之，就是分成低地產的柔軟A型豆到高地產的堅硬D型豆，並提出各類型適合的烘焙方式與烘焙度。

舉例來說，肯亞與哥倫比亞等高地產的咖啡豆厚實、顆粒大、含水量多，因此屬於D型。D型豆的透熱性差，有強烈酸味，因此不適合A型豆的「淺度烘焙～中度烘焙」，比較適合會產生深度苦味的「中深度烘焙～深度烘焙」。

假如D型的肯亞豆與哥倫比亞豆採用和A型豆一樣的淺度烘焙，將會發生什麼情況？火的熱度無法達到生豆中央，還會產生澀味與酸味同時存在的「酸澀味」，也無法引出原本擁有的濃郁苦味及醇厚，這樣一來就浪費了肯亞豆與哥倫比亞豆，等於是賠了夫人又折兵。

因此我設計出了名為「系統咖啡學」的烘焙表，希望盡量減少這類「枉然的努力」（可參考64頁）。只要看過這張速查表，你就不會犯下愚昧的錯誤，將堅硬的D型豆採用和A型豆一樣的淺度烘焙。咖啡豆各有適合與不適合的烘焙度，採用不適合的烘焙度烘出來的咖啡豆，當然不會好喝。

烘焙比產地標示更重要

打從我開始自行烘焙，也就是四十年前開始，便不斷主張：「決定咖啡味道的不是產地標示，而是烘焙度。」有人聽進我所說的話，但畢竟只是少

圖表 11　「系統咖啡學」的烘焙表

烘焙度＼類型	D	C	B	A
淺度烘焙	×	△	○	◎
中度烘焙	△	○	◎	○
中深度烘焙	○	◎	○	△
深度烘焙	◎	○	△	×

四大類型生豆與烘焙度的相關圖。按照黑底反白的框格烘焙，就能夠打造出美味咖啡。

數。當時大眾深信「產地標示」就是決定香味的最大因素。直到現在，一般人仍經常說摩卡就是酸味，曼特寧和哥倫比亞是苦味。許多自家烘焙店甚至認真提出：「巴西屬於這當中的中性，因此摩卡、哥倫比亞、巴西以3：3：4的比例混合的話，味道便能夠均衡；若想要稍微強調苦味的話，就以巴西3：哥倫比亞3：摩卡3：曼特寧1的比例混合」諸如此類的「綜合咖啡組合指南」，相信並實踐這套理論。我在心裡感到愕然，這些東西不過是「數字組合」罷了。但是面對多數派，我又能如何呢？

產地標示當然具有味道特性、品種特色。但我認為阿拉比卡種的帝比卡與波旁的差異，不如阿拉比卡種與羅布斯塔種的差異那般大。旦部先生也抱持相同意見。散發華麗果香的藝妓咖啡則屬例外。

我像壞掉的錄音機一樣不斷重複這一點，因為這點真的很重要。摩卡雖然帶酸味，但是經過深度烘焙後，酸味就會消失，苦味就會出現。相反地，以苦味為賣點的曼特寧若是只有淺度烘焙，酸味就會變得尖銳。簡單來說，烘焙程度愈淺，酸味愈明顯；烘焙程度愈深，苦味愈明顯。酸味與苦味的強弱並非天生如此。烘焙到某個程度，咖啡豆才會出現特定的「某個味道」。這項原理原則很重要，因此無論幾次我都要不斷的重申與強調。

●試將烘焙程度分為八階段

前面提過，巴哈咖啡館將烘焙程度分為四～三十二個階段，不過一般大致上只會做到八階段。以下就是這八個階段：

①「輕度烘焙／肉桂烘焙（＝淺度烘焙）」
②「中等烘焙／高度烘焙（＝中度烘焙）」
③「城市烘焙／深城市烘焙（＝中深度烘焙）」
④「法式烘焙／義式烘焙（＝深度烘焙）」

這裡必須先告訴初學者，烘焙咖啡豆時會出現兩次大規模「爆裂（Crack）」。爆裂是豆子加熱後引發收縮、膨脹所造成。爆裂會讓豆子膨脹變大。

①的「輕度烘焙／肉桂烘焙」中，輕度烘焙是烘焙到第一次爆裂即將開始之前；肉桂烘焙則是烘焙到第一次爆裂發生途中。

②的「中等烘焙／高度烘焙」中，中等烘焙的停止時間點在第一次爆裂期結束時；高度烘焙則是在豆子即將出現皺摺、香味發生變化之前。

③的「城市烘焙／深城市烘焙」中，城市烘焙是烘焙到第二次爆裂期為止；深城市烘焙則是到第二次爆裂期結束時。

④的「法式烘焙／義式烘焙」中，法式烘焙是烘焙到咖啡豆變成還帶一點褐色的黑色程度；義式烘焙則是烘焙到不帶褐色的全黑程度。即使設定烘焙度的四階段、八階段，每個人的標準還是有些不同，這是怎麼回事？因為即使同樣是「中度烘焙」，每個人對於酸味和苦味的感受仍有差異。而也因為這一點阻礙了「味道的重現」。

既然這樣，該如何解決？首先必須先制定標準。比方說，以中度烘焙的巴西水洗豆為中軸，與這個咖啡豆相比，酸味較強或較弱、苦味較強或較弱。有了這項基準後，就能夠具體想像中度烘焙的味道，也較容易打造出穩定的味道，更有利於指導其他工作人員。順帶一提，巴哈咖啡館設定的標準咖啡如下：

- **淺度烘焙……古巴水晶山**
- **中度烘焙……巴西水洗式**
- **中深度烘焙……哥倫比亞特選級**
- **深度烘焙……祕魯EX（祕魯上選級）**

不過目前因為部分咖啡豆無法穩定取得，因此改選用具備相同性格且屬同類型（例：A類型或B類型）的其他咖啡豆替代。

●「出現之後」時代的八階段為何？

以上是「出現之前」時代的簡單回顧，接下來進入「出現之後」時代。在「出現之後」時代，烘焙度在正式的杯測上成了問題。

SCAA所採用的指標是「Agtron焦糖化測定器」。這是利用美國內華達州艾寵公司銷售的食品專用分光光度計，來測量咖啡的烘焙程度。不使用機器時，則改用色盤（可參考下頁）確認杯測用的咖啡粉是否屬於＃65～＃55範圍之內。

在焦糖化測定器的指標中，從烘焙程度最低的＃95到最高的＃25為止，一共分成八個階段，這八階段不等於「出現之前」時代的八階段。說得更清楚些，也就是焦糖化測定器的分類，是排除了舊有八階段之中的輕度烘焙與義式烘焙，再將剩下的肉桂烘焙～法式烘焙分成八個階段。

我看到這指標時，心想：

「姑且不提＃95的超淺度烘焙咖啡，SCAA是否認為烘焙程度比＃25更深的咖啡不好喝，是這樣嗎……？」

烘焙程度比＃25更高，也就是義式烘焙的咖啡，不值得品嚐嗎？沒這回事。這種烘焙程度的咖啡絕對不是只有苦味。目前在我店裡的肯亞和印度咖啡，烘焙程度都比＃25更高。美國人重視酸味和香氣，較不重視苦味。但我認為優質苦味正是咖啡的最大魅力，或許這只是我個人的看法罷了。

Agtron Color Disk

1 #95：第一次爆裂高峰期即將結束之際。

2 #85：第一次爆裂結束前後。

3 #75：第一次爆裂已經結束時。

4 #65：第一次爆裂與第二次爆裂之間。沒有產生爆裂的狀態。

5 #55：有些咖啡豆發生第二次爆裂時。

6 #45：第二次爆裂進入高峰期之前。

7 #35：第二次爆裂高峰期。

8 #25：油脂稍微滲出來之前。

●將味道與香氣的變化「視覺化」

請各位看看70頁的圖表。這張圖顯示假設咖啡生豆的成分是一〇〇%，經過烘焙、萃取之後，得到的成分會產生什麼樣的變化。用二〇〇℃的溫度加熱二十分鐘的話，一般來說生豆原有的成分會減少。但是只有咖啡因幾乎沒有改變，這可說是十分稀奇的狀況。

知道生豆原有的成分產生什麼樣的變化，以及前面提過苦味的來源主要與綠原酸有關，而不是咖啡因；而香氣與酸味則來自於蔗糖，到此我們「概略」知道這些即可。只要知道這些，就能夠在腦子裡想像生豆經過烘焙、萃取之後，成分會如何增減。

順便說明一下，本書裡出現了各種圖表，有些圖表甚至有許多化學名詞，也許有些人光看到就心生排斥。我們不是科學家，有這種反應是理所當然。各位不需要連細節都仔細讀或記下來，這些圖表的目的是要幫助大家更容易理解。

舉例來說，書末158～159頁的「烘焙滏香氣／味覺表」就是整本書所有圖表的總結。對於咖啡相關從業人士來說，「烘焙會帶給咖啡味道與香氣什麼樣的變化？」——這是最受到關心的問題。而這張圖表集結了旦部先生從世界各地收集來的最新研究成果，他從「科學的角度」解釋「烘焙會帶給咖啡味道與香氣什麼樣的變化」，並將之「視覺化」。

我不懂綠原酸、胺基酸等等的變化，只是用自己的舌頭和鼻子感覺科學家所謂的成分「總和」與味道、香氣的「變化」，再以杯測用詞表達出來。相反地，科學家則是一一拆解香味和味道的組成成分，再進行思考。這種研究是一種「還原主義」。不過無論我們的研究方式是否有差異，所追求的目標都是一樣的。

●科學家與技術人員的幸運組合

旦部先生的本行是在醫科大學執教，研究咖啡純屬興趣（可參考網站「百珈苑」&「百珈苑部落格」），但他的研究已經超越興趣的範疇。他當然也自己烘焙咖啡，且有不輸給二流自家烘焙店的實務知識。旦部先生之所以讓我留下好感，是因為他製作的「烘焙溼香氣／味覺表」與我實際體驗到的知識一致。也就是說，我們兩人是從不同角度看著同樣的東西。

目前已知咖啡裡含有的香氣成分將近一千種，也知道其中約有三十種扮演著重要角色。這個「烘焙溼香氣／味覺表」顯示出味道和香氣的代表性成分隨著烘焙的進行（橫軸），分別出現什麼樣的變化。順便補充一點，縱軸表示烘焙豆各成分的濃度，下半部是對應「L值」的咖啡豆顏色標準。乍看之下，裡頭充滿太多資訊，或許會讓人困惑，不過只要看著每個要素，就能夠得到許多知識。

舉例來說，看到「溼香氣表」上方糖類產生的四種溼香氣（果實味、奶油味、焦糖味、香料味）變化，就能明白彼此的高峰期略有錯開。伴隨烘焙的進行，這四種溼香氣一邊依序融合，一邊出現，因此前半段會感覺到果香和草味，到了後半段就會逐漸變成焦糖、香料味。實際進行烘焙時，各高峰期與時機或多或少有些偏差，不過順序本身不會有太大改變。

●苦味與醇厚來自於「複雜」

接著看看「味覺表」中的苦味。從淺度烘焙～中度烘焙開始為止是酸味佔優勢，苦味仍不明顯。但是過了中度烘焙之後，「咖啡應有的苦味（綠原酸內酯）」就會迎向高峰期，接著「義式濃縮咖啡的苦味（乙烯兒茶酚寡聚物）」就會增加。這兩類咖啡苦味在中度烘焙到深度烘焙的過程中逐漸改變。

「這個苦味是咖啡味道的核心。整體的苦味是以此為基礎，再組合上其他各式各樣類型的苦味成分。尤其是在中度烘焙到深度烘焙的階段，累積了形形色色的苦味成分，使得咖啡的苦味變得複雜。而這個『複雜』賦予咖啡深度，產生出『醇厚』的口感。」（旦部）

京都大學伏木亨教授在他的著作《醇厚與鮮甜的祕密》（新潮新書）中提到醇厚是「多種味覺複雜交融，帶來的刺激多到無法分辨出單一味覺」時的感受，也是「許多味道混雜在一起」的感覺之

圖表 12　咖啡豆的成分變化

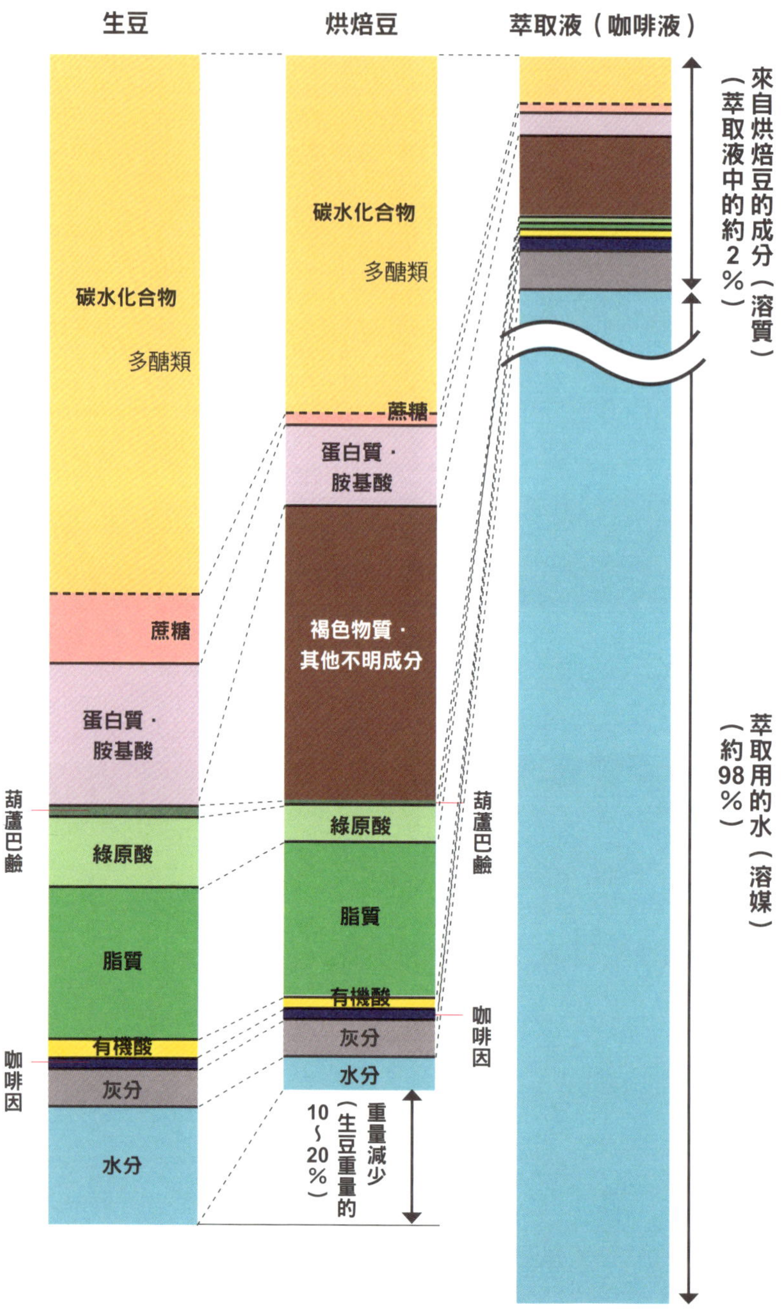
生豆
烘焙豆
萃取液（咖啡液）
碳水化合物
多醣類
蔗糖
蛋白質・
胺基酸
葫蘆巴鹼
綠原酸
脂質
有機酸
咖啡因
灰分
水分
碳水化合物
多醣類
蔗糖
蛋白質・
胺基酸
褐色物質・
其他不明成分
葫蘆巴鹼
綠原酸
脂質
有機酸
咖啡因
灰分
水分
重量減少
（生豆重量的10～20％）
來自烘焙豆的成分（溶質）
（萃取液中的約2％）
萃取用的水（溶媒）
（約98％）

圖表 13　烘焙對香味的影響

生豆的成分	顏色	苦味	酸味	香氣
多醣類	◎	△	△	△
蔗糖	◎	○	◎	◎
蛋白質	○	○	—	◎
葫蘆巴鹼	—	△	—	△（尤其是深度烘焙）
綠原酸	◎	◎	△	○（尤其是深度烘焙）
脂質	—	—	—	◎（精油類）
有機酸	—	—	○	—
咖啡因	—	○（無變化）	—	—
灰分	—	—	—	—

影響程度：◎＞○＞△＞－（幾乎沒有影響）

一。也就是說，醇厚口感的真面目就是「複雜」。

我對巴哈咖啡館經典的「巴哈綜合咖啡」採用「中深度烘焙」，不是因為旦部先生的「烘焙溼香氣／味覺表」，而是根據多年來的經驗。我知道「中深度烘焙最能夠烘焙出（咖啡的）味道」，也認為中深度烘焙「複雜且厚實的苦味」最有趣、最符合多數人喜好。

接下來請看看味覺表下方的酸味表。最上面有個「總酸」圖表。根據旦部先生的說法，這是底下所示各類有機酸的總和。酸的「總量」意義重大，也因此決定了整體酸味的強弱。圖表上顯示最大的高峰期是在淺度烘焙～中度烘焙，過了中度烘焙之後便逐漸減少。咖啡的酸是以檸檬酸和醋酸為主要成分，檸檬酸自生豆階段產生，醋酸是蔗糖經過烘焙後產生，而兩者幾乎在同一個時間點消失。

這兩種酸在生豆階段有差異，不過都在同樣時間點消失，因此我們可以知道，想要利用烘焙改變這兩種酸的質，實屬困難。那麼應該怎麼做？生豆階段，包括精製過程都會影響酸的質感，因此採集成熟咖啡果實、採用自然乾燥法精製或蜜處理法精製的話，酸味會更加豐富，且酸的質感會更溫和。

我要再次重申，「圖表」只是「參考值」，只是「路標」。對於烘焙初學者來說，有路標比較方便觀察烘焙階段。若是將「地圖」完全記在腦袋中，烘焙時總是照本宣科的話，距離成為烘焙高手的日子恐怕還很遙遠。

2－2 關於烘焙機

●烘焙機發展史

衣索比亞有一種咖啡儀式稱為「卡利歐蒙（Kariomon，意思是一起喝咖啡）」，類似日本的茶道。他們會在客人面前烘焙、研磨、萃取咖啡。這是衣索比亞特有的接待客人方式，但有時必須花上將近兩個小時才能煮好一杯咖啡，因此不適合缺乏耐性的人嘗試。

卡利歐蒙儀式中使用鐵鍋烘焙咖啡豆。將鐵鍋擺在類似炭火烤爐的火爐上慢慢煎焙豆子，缺乏耐性的人自然受不了。關於人類開始烘焙咖啡豆的時間點不是很明確，一般認為大概是十四～十五世紀。然後到了十六世紀，這項習慣從阿拉伯傳到了歐洲，到十七世紀中葉已經出現徒手轉動的圓筒型烘焙機，而且一開始的主流是將生豆裝在密閉容器裡烘焙。不過到了十九世紀後期，為了提高生產效率，改以有洞的圓筒製作烘焙機。

烘焙機分成手動與電動兩種。手轉式烘焙機通常是咖啡愛好者基於興趣嘗試烘焙所使用。也有數一數二的名店使用手轉式一公斤烘焙機，不過這只是特例，一般自家烘焙店都是採用小型電動烘焙機（容量一～十公斤）。有些店家因開設分店或開始大量販售烘焙豆，才會使用大型電動烘焙機（容量十～六十公斤），不過這也是少數例子。若是大型烘焙業者，通常是使用超大型烘焙機（容量六十～二〇〇公斤）大量生產烘焙豆。

●直火式烘焙機的流行與生豆品質的關係

若根據熱源構造區分小型烘焙機的話，大致可分成「直火式」、「熱風式」、「半熱風式」三類。

【直火式】

咖啡豆投入圓筒型有孔洞的鍋爐，鍋爐的特殊構造可在毫無遮擋的情況下，直接承受瓦斯燃燒器的熱源。我尚未開始接觸烘焙時，一般流行使用直

圖表 14　烘焙機的構造與咖啡豆的動線

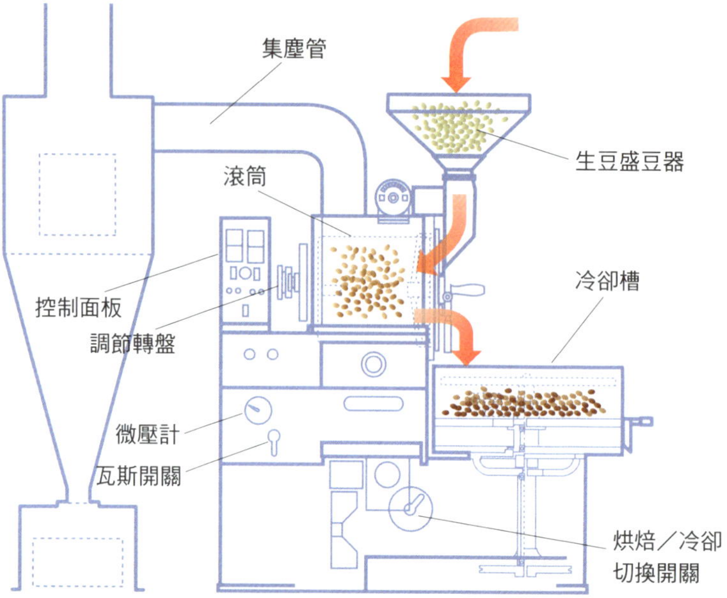

火式烘焙機。這種烘焙機的優點就是構造簡單，不易損壞。

過去的自家烘焙店均使用直火式烘焙機的原因在於，當時的生豆大多是水分少的乾枯豆。這麼說或許太直白，不過乾枯豆較容易烘焙。即使用直火式烘焙機，也能夠隨心所欲控制。

但以日本現在的經濟能力，已經足以購買水分較多的新豆（註1）了，因此直火式烘焙機也就變得愈來愈難以控制，經常只有豆子表面燒焦，裡頭卻還是生的。於是我毫不猶豫地改用「半熱風式」烘焙機。

日本過去流行直火式烘焙機，主要是與進口的生豆有關，這項事實不應該等閒視之。坊間一直有輕視直火式烘焙機的說法，但我認為：「某個東西之所以存在，就是有它存在的必要。」萬物的存在都有原因。直火式烘焙機的優缺點各半，只要盡量避免烘焙過快，品質尚不至於太差，我認為不應該隨波逐流地一味批評。

順便補充一點，旦部先生曾經從科學家的角度針對烘焙機提出合理結論，他說：「直火式烘焙機的鍋爐內部溫度分布容易產生溫差。溫度計只能監看鍋爐中央的溫度，因此我們無從得知靠近鐵板處、直接暴露在遠紅外線或火焰下這些位置的溫度。」

他說的沒錯。直火式烘焙機的缺點就是鍋爐內部無法恆溫。有些生豆直接暴露在遠紅外線或火焰下，有些則否，因此容易發生烘焙不均的情況。

「遠紅外線穿過空氣，撞上光無法通過的對象（生豆），撞到的地方就會升溫。也因為只有照到光線的地方升溫，於是造成烘焙不均。另外，溫度愈低的地方，熱風會給予更多的熱，以達到『均溫』效果。相對來說，高溫熱源產生的遠紅外線，無論溫度高或低的地方，都給予等量的熱，因此這也是造成烘焙不均的原因。直火式烘焙機因為鍋爐內部的「環境」無論如何都無法達成一致，因此必須不停攪拌，促使生豆滾動，避免所有豆子停留在特定位置上，這點很重要。然而，儘管如此，豆子表面和中央還是有很大的差異，這是攪拌不夠充分所導致的烘焙不均。問題在於該如何維持攪拌均勻。因此使用直火式烘焙機時，我們必須投入心血研究放入鍋爐內的生豆分量，以及攪拌扇葉的形狀等。」（旦部）

●直火式烘焙出的咖啡有點難以形容

直火式烘焙機早在十九世紀後期的英國、美國等地就已出現，至今愈來愈少見。不過在日本還是有一派忠實支持者，因此直火式烘焙機仍頑強的存在著。根據直火式烘焙機擁護者的說法：

「直火式烘焙機有著直火式才有的香味。」

也有人認為直火式相較於熱風式、半熱風式，「更能夠突顯出豆子原本的個性」。但是，旦部先生對於這種說法抱持不解的態度。

「直火式的確較容易產生不同於熱風式與半熱風式的香味，但是能夠將之定義為『豆子原本的個性』嗎？這點我很懷疑。」（旦部）

我也贊成這個論點。巴哈咖啡館現在使用半熱風式烘焙機，傾心投入在如何引出咖啡豆三十種以上的個性與天生的風味，但是從過去使用直火式烘焙機的經驗來看，使用直火式烘焙機進行烘焙時，每種豆子除了各自的香味之外，還多了「另一種直火式共通的香味」。

「直火式烘焙機在國外已經慢慢被淘汰，因此研究資料不足。我個人認為，出現這種現象也許是表面溫度的影響。比方說，肉直接擺在火上烤的話，肉的表面承受遠紅外線而升溫，產生香味。咖啡豆或許也一樣，只有最外層的溫度升高，所以才會產生獨特的香味。假如真是如此，這也可以視為一種烘焙不均。」（日部）

怪不得採用直火式烘焙之後，經常出現外觀上看來是深度烘焙的顏色，但烘焙程度其實比預期中來的淺。大概就是因為只有表面快速烘焙的緣故。所以，如果是在使用乾枯豆的時代，還不至於造成什麼大問題。但若用來烘焙水分較多的新豆，中間難以透熱，很容易留下芯，不好處理。

過去我曾經以好玩的心態，刮開半熱風式與直火式烘焙的咖啡豆表面，分開豆子內側與外側，分別試喝比較。結果兩種烘焙機烘焙出來的咖啡豆，內側與外側的香味都有著超乎想像的差異，這種內外差異在直火烘焙豆上最為明顯。

「豆子有體積，因此表面與內部味道有差異也是無可厚非。但是這種差異如果太大的話，會是什麼情況呢？比方說，即使認為已經停止在淺度烘焙的程度，卻可能只有豆子表面顏色變深而已，豆子的香味也會因此變得莫名雜亂……」（日部）

也許這種莫名雜亂的香味，就是深受直火式烘焙機擁護者喜愛的關鍵。

●控溫容易的烘焙機【熱風式】

熱風式烘焙機與鍋爐底下就是燃燒器的直火式烘焙機不同，而是另外設置燃燒室，熱風由送風管送進鍋爐後方及側面。這種烘焙方式是為了因應大量烘焙而誕生，大型烘焙工廠幾乎都是使用熱風式烘焙機。

有趣的是，在美國，為一般家庭設計的五〇〇克～一公斤烘焙機也多半屬於熱風式，事實上很少有適合自家烘焙店使用的容量，不過最近市面上出現了幾款稱為「聰明烘焙機（Smart Roast）」的最新機型。

熱風式烘焙機最大的優點在於控溫容易、不易燒焦。假如你希望在二〇〇℃停止烘焙的話，理論上只要持續送進大量的二〇〇℃熱風即可，熱源在主機外側，因此機器內側的溫度不至於超過二〇〇℃以上。

送進高溫熱風，就能夠在短時間之內烘焙完成，不僅可以提高生產率，豆子外觀也因為充分膨脹而有極佳的賣相。大型烘焙工廠的短時間高速烘焙是送進五〇〇℃以上的熱風，只要幾分鐘就能烘焙完成。

根據旦部先生的說法，高溫烘焙與低溫烘焙散發出的香氣也不同。

「可能是為了供應大型烘焙工廠使用，業者因而相當投入於熱風式烘焙機的研究發展。以下資料是來自於使用一九〇℃或二三〇℃等固定溫度烘焙所得到的數據。一般所謂的「咖啡應有的香味」，也就是糠硫醇（Furfurylthiol）使用低溫烘焙的話較強烈，奶油、黑醋栗之類的香味成分則在高溫烘焙時較明顯。但是也有報告顯示，使用溫度不固定的普通半熱風式烘焙機烘焙出來的咖啡豆更符合測試者的喜好。溫度一改變，化學反應的進行方式也會跟著改變，因此一般認為香氣的平衡也因而改變。」（旦部）

熱風式的缺點就是熱能效率不彰。暴露在熱風底下的不是只有咖啡豆，滾筒和烘焙機主機也會吸收大量熱能。熱風式的熱能耗損大於直火式、半熱風式，再加上排氣風扇強力送進大量熱能同時也失去大量的熱能，這點也造成燃料效率不彰。大型烘焙工廠或許能夠將廢棄熱能回收再利用，但是小規模自家烘焙店沒辦法這麼做。這也是熱風式烘焙機較適合大型烘焙工廠的原因。不過最近也出現了能夠將排出去的熱能再循環、提昇熱效率的機種。熱風式烘焙機今後的發展值得期待。

圖表 15　烘焙機的空氣動線

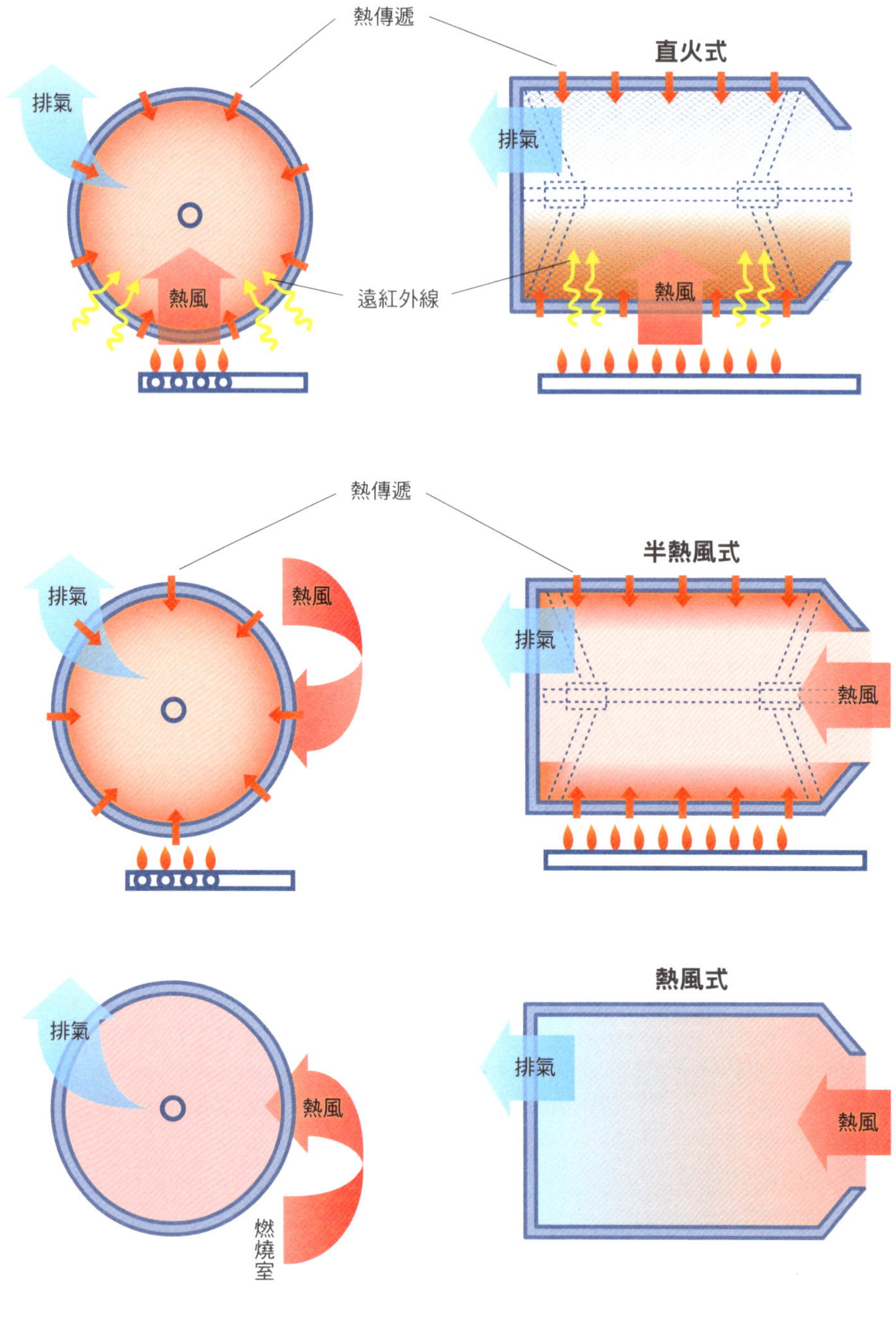

【半熱風式】

結構上與直火式烘焙機相同，只不過將圓筒狀的滾筒換成了無孔洞的鐵板，避免咖啡豆直接接觸火焰。燃燒器從鍋爐底下加熱，同時也從鍋爐後方送進熱風。稱為「半熱風式」表示這是直火式與熱風式的折衷。

排氣效率高的話，就能夠提高熱風提供的熱能比例，也更接近熱風式烘焙機。只是滾筒內豆子與空氣是利用加熱的鍋爐「傳導」傳熱（熱傳遞，請見上頁圖表15），因此得以提高能源效率。

我為什麼選擇半熱風式烘焙機呢？答案是：簡單。半熱風式烘焙很少有烘焙不均的情況，也容易控制溫度。直火式烘焙機在溫度管控這一點上遜於其他機種。直接接觸遠紅外線及火焰的豆子，與接觸不到的豆子混雜在一起，烘焙技術若不佳，很容易造成烘焙不均。

尤其是含水量多的新豆硬質豆不易控制溫度，容易留下芯。這是滾筒內部的溫度分布差異所造成的問題，因此關鍵在於攪拌。

我過去原本使用富士皇家（Fuji Royal）半熱風式烘焙機，現在則使用與大和鐵工共同開發的「名匠（Meister）」烘焙機。小型烘焙機往往有「容易受到外界空氣的影響」、「容易烘焙不均」、「風味很難進行微調」等問題，不過名匠烘焙機不一樣。

我在這裡不得不老王賣瓜一下，名匠烘焙機在「容易受到外界空氣影響」這點上，使用雙重隔熱外殼解決了這個問題。另外，送風管有兩條，能夠更自在地控制排氣，以達到穩定烘焙的目標，再加上滾筒內的攪拌扇葉也稍微花了點心思，設置了三組三片一組的扇葉，這項設計可避免豆子集中在鍋爐裡的某一處，維持在滾筒內彈跳的狀態。

●熱源不會改變味道

這裡稍微上點理化課。「熱傳播的三要素」是「傳導」、「對流」、「輻射（放射）」。和我一起設計「名匠」烘焙機的機械設計師岡崎俊彥先生表示：「原則上，熱只會從高溫的地方轉移到低溫的地方。」正是如此。比方說，熱風是三〇〇℃，而豆子表面也是三〇〇℃的話，熱就不會往豆子移動。借用岡崎先生的說法也就是製造出了「像炙燒鰹魚一樣，只烤過表面，中間維持生的狀態」。

熱的移動必須有溫差，因此直火式烘焙機若是使用新豆這類水分含量高的豆子，就無法烘焙到豆子中央而「留下芯」。這是無法避免的構造問題，必須花時間熟悉烘焙機的操作方式。

與熱傳播有關的定義如下：

●傳導……靠物質為媒介傳遞熱。

●對流……以液體或氣體為媒介傳遞熱。

●輻射……不需要液體或氣體等導熱媒介，就能夠傳遞熱。

以上三種方式事實上皆無法單獨傳遞熱，而是以彼此相互組合的狀態傳播。目前的直火式烘焙機與這三者皆相關。另一方面，熱風式烘焙機主要與「對流」有關，那麼兩者折衷的半熱風式又是如何呢？

「從導熱原理來看的話，半熱風式主要是利用鍋爐內側的『傳導』與熱風的『對流』，也加上了鍋爐本身的『輻射』熱，因此屬於複合式的熱傳播方式。」（岡崎）

烘焙的好壞端視「熱量」、「排氣量」、「時間」的平衡而定。時間取決於熱量及排氣量，因此若是能夠正確控制火力與排氣量，就能夠達到符合自己期待的烘焙成果了。

註1：新豆。意指該年度生產的咖啡豆。因為剛採收沒多久，仍呈現綠色。水分含量也較多。前一年採收的生豆稱為舊豆，更早之前採收的稱為老豆。

2—3 烘焙與咖啡豆

●抗拒不了「炭火」兩字魅力的日本人

或許是受到烤秋刀魚或蒲燒鰻魚的影響吧，日本人只要一聽到「炭火」兩字，就會受到誘惑。而且一聽到炭火的遠紅外線能夠讓熱直達咖啡豆中心，就毫不猶豫地相信了。日本人無法抗拒「炭火」這兩個字。

我過去就曾多次否定炭火烘焙咖啡，認為那是大型或中小型製造商在無計可施的情況下製造出來的「形象商品」。因為當時使用新鮮優質咖啡豆深度烘焙的咖啡，可說是自家烘焙店的招牌，印象中受歡迎的程度大幅超越了製造商大量生產的咖啡，造成使用這些現成咖啡商品的咖啡店很大的困擾。於是這些製造商開發出炭火烘焙的咖啡，想要與新鮮的自家烘焙咖啡對抗，企圖削弱自家烘焙店的氣勢，替一般咖啡店找回活力。

話題回到開頭提到的遠紅外線效用——「讓熱直達咖啡豆中心」，事實上這是錯誤的觀念。

「炭火的特徵就是會釋放大量遠紅外線，但也因為如此，炭火的輻射熱無法滲透。曾有一段時期，一般人普遍認為遠紅外線會滲透到咖啡豆內部傳熱。但是，後來發現，遠紅外線的滲透深度只有不到一公釐，通常只有〇・一～〇・二公釐的程度。炭火不僅不如預期，甚至只加熱了咖啡豆的表面。」（旦部）

遠紅外線加熱物質的效能雖高，不過也因為光能一碰到物質表面就轉變成熱，因此反而無法滲透到內部。只有咖啡豆表面被加熱，是直火式烘焙的特徵。以強烈火力直火烘焙的味道，的確有幾分類似炭火烘焙的香味。

這麼說來，有些產品標榜「咖啡豆沾上炭的燒烤味」，這又是怎麼回事呢？

「所謂沾上炭的味道，實在難以想像。一旦採用深度烘焙，細胞內部就會變成缺氧狀態，而出現『炭化』的氣味（可參考164頁味環1的04 Dry

Distillation）。製造木炭時，木炭也會在窯裡炭化。既然強烈的直火在豆子表面產生同樣的炭化味，表示咖啡豆也同樣被炭化了吧。」（旦部）

但是，炭火烘焙仍舊存在著謎團。歐美過去也使用炭火，不過現在仍使用炭火烘焙的，似乎只剩下日本人。諸如此類仍有許多謎團尚待解開。

「陶瓷加熱器也能夠和炭火一樣釋放出許多遠紅外線，但是有研究指出，使用這兩者烤肉的話，炭火烤出來的肉較有焦香味。炭火產生的熱風（燃燒氣體）含有許多二氧化碳和一氧化碳，氧氣和水蒸氣較少，這點很可能會影響烤肉時香氣產生的方式。炭火烘焙的咖啡也一樣，因此不能斷言沒有受到遠紅外線之外的要素影響。」（旦部）

●何謂「玻璃轉移現象」？

接下來進入主題——「烘焙中的咖啡豆會產生什麼樣的變化呢？」一般讀者即使沒有業務用烘焙機，只要使用平底鍋或焙烙（低溫燒成的淺陶製器皿），用煎大豆的方式煎咖啡生豆，一樣能進行烘焙。若希望味道更接近正統，可以走一趟淺草的合羽橋道具街購買專用的手網，生豆則可透過網路購物取得，因此只要有心，在家裡就能夠進行自家烘焙。

手網或平底鍋烘焙的好處在於沒有鐵皮罩著，可以隨時看見咖啡豆的變化。冒出多少煙霧、有多少皮屑（註1）飛舞、第一次爆裂、第二次爆裂是什麼聲音，諸如此類的情況立刻就能觀察到。如果運氣好的話，有機會烘焙出不輸給專家的風味，因此可別小看手網烘焙。

根據旦部先生的說法，植物的細胞壁通常是由脆弱的纖維素（註2）構成，不過咖啡生豆的話，除了纖維素之外，還有多種纖維質，因此細胞壁厚實堅硬。這種堅硬的生豆經過烘焙之後，外圍形成堅固表面，內部溶化，細胞內的壓力最後達到八～二十五大氣壓，內部充滿水蒸氣與二氧化碳氣體，導致壓力上升（可參考83頁）。

到此，我們稍微談談烘焙時會發生的「玻璃轉移」現象。這不是什麼困難的理論。首先將堅硬的

圖表 16　烘焙變化表—玻璃轉移現象

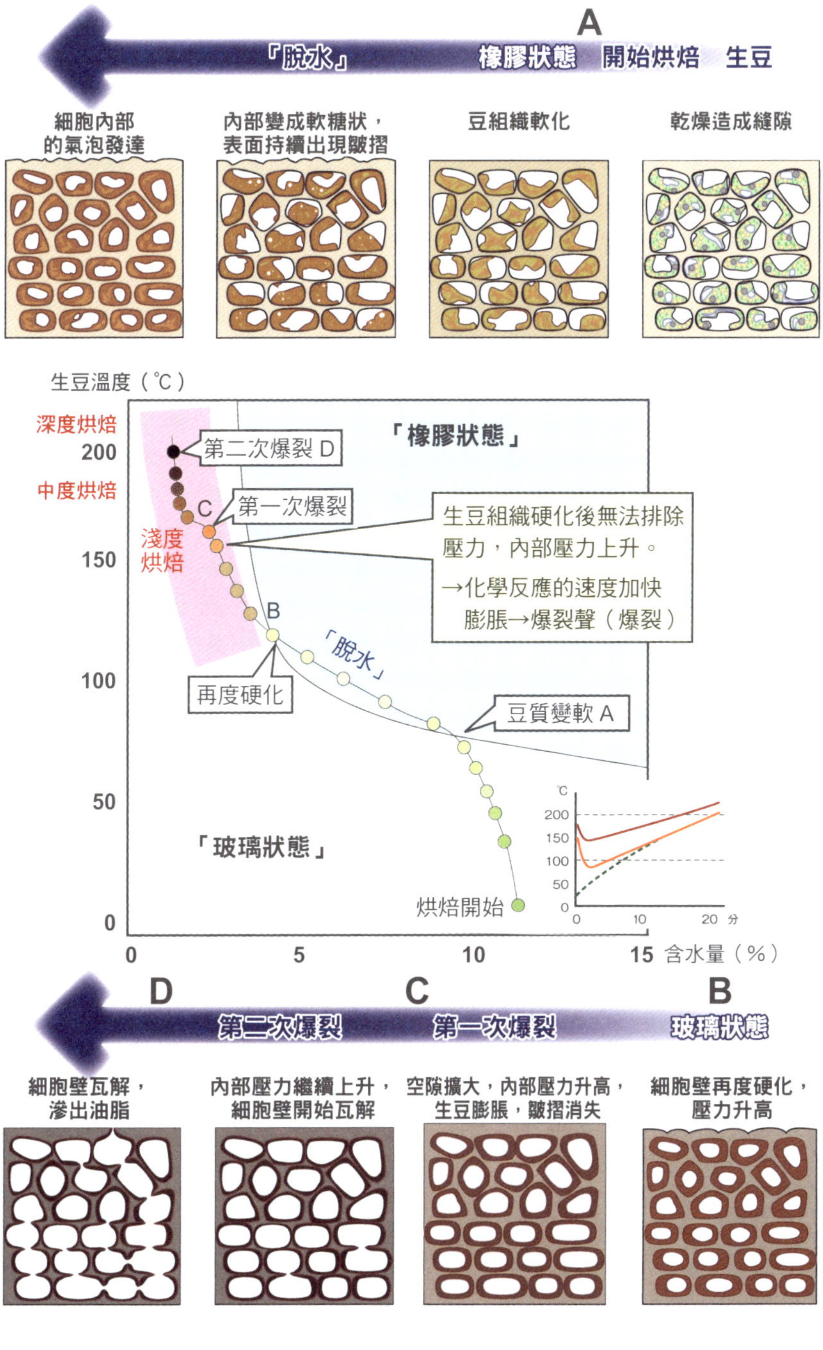
A
「脫水」
橡膠狀態
開始烘焙
生豆
細胞內部的氣泡發達
內部變成軟糖狀，表面持續出現皺摺
豆組織軟化
乾燥造成縫隙
生豆溫度（℃）
深度烘焙
200
中度烘焙
150
淺度烘焙
100
50
0
第二次爆裂 D
C
第一次爆裂
「橡膠狀態」
生豆組織硬化後無法排除壓力，內部壓力上升。
→化學反應的速度加快
膨脹→爆裂聲（爆裂）
B
「脫水」
再度硬化
豆質變軟 A
「玻璃狀態」
烘焙開始
0
5
10
15 含水量（%）
D
C
B
第二次爆裂
第一次爆裂
玻璃狀態
細胞壁瓦解，滲出油脂
內部壓力繼續上升，細胞壁開始瓦解
空隙擴大，內部壓力升高，生豆膨脹，皺摺消失
細胞壁再度硬化，壓力升高

生豆比喻為「玻璃」。這個生豆加熱後，隨著「橡膠化」而使豆質變軟。繼續加熱就會失去水分而收縮，再度變硬（「玻璃化」）。也就是說烘焙的過程是「玻璃→橡膠→玻璃」。

「就像冰塊溶化變成水，固體加熱多半會變成液體。但是當中也有些例子是會暫時變成像橡膠一樣柔軟。玻璃精工正是如此，趁著玻璃處於『橡膠狀態』時彎曲、延伸、或吹或切，進行加工，待冷卻後就會再次變得硬梆梆。除了溫度之外，水分也很重要，水分愈少愈容易『玻璃化』。這個詞原本是材料工學上的用語，不過各式食品中也會出現。瑞士工科大學的報告裡也將這個詞用於咖啡豆上。」（日部）

這個情況稱為「玻璃轉移現象」，舉個更容易了解的例子，就是「米果」。米果一開始很硬，加熱後會變軟，而繼續放著又會再度變硬。

●豆子不是在第一次爆裂期膨脹

以咖啡豆來講，變硬的豆子經過加熱後再度膨脹，進入第一次爆裂、第二次爆裂。看過「烘焙變化表」（83頁圖表）就會明白，咖啡豆的物理變化發生在圖表中的曲線上。也就是說，「軟化／再度變硬」的現象是導因於溫度及水分。發生的確切時間點在哪裡呢？各位看看玻璃轉移現象的圖表就會發現「豆子軟化」、「再度硬化」發生在玻璃與橡膠狀態的邊界上。

豆子內部壓力一旦上升，化學反應的速度也會跟著加快。豆子從玻璃化變硬開始，也就是即將進入第一次爆裂期的時候，逐漸發生顏色與味道的變化。豆子在烘焙八～九分鐘左右變成膚色；「蒸焙」結束時，青草味變成芳香味，豆子的顏色由土黃色變成淺褐色，即將進入第一次爆裂。

咖啡豆有一到兩次的爆裂期，依情況有時會出現第三次。一般將發出爆裂聲的時間點稱為「爆裂」，不過有時沒有發出爆裂聲仍屬於爆裂期。

「並非所有豆子都會爆裂。部分形狀容易爆裂的豆子才會爆裂。有些人主張第一次爆裂期的時候，『豆子像爆米花一樣爆裂且膨脹』，這種說法是錯的。豆子膨脹、表面皺摺消失，是發生在第一次爆裂期開始前不久，沒有爆裂聲的豆子也會膨脹。簡言之，不管有沒有發出爆裂聲，只要到了某個階段，生豆就會膨脹，將皺摺拉平。成分變化也一樣。」（旦部）

●高精製度的咖啡豆宛如爆竹

一般認為第一次爆裂時會發出強而有力的「啪嘰啪嘰」聲，第二次爆裂則是尖高的「霹嘰霹嘰」聲。其實爆裂聲也依咖啡豆而不同；巴西水洗豆等偏軟的豆子聲音較小，葉門天然乾燥等咖啡豆的聲音則更小，小到容易忽略。

有趣的是，稱為「精品咖啡」的高品質咖啡因為是小批次，豆子尺寸和成熟程度較一致，總的來說精製度很高，因此會同時發出爆裂聲。豆子沒有參差不齊，因此幾乎是同時出聲。「唐帕奇天然乾燥藝妓咖啡豆」更是猶如中華街春節放鞭炮一樣，所有豆子同時發出巨響，令人吃驚。高精製度莊園豆的爆裂時間點很集中——這或許也是一種理論。

第一次爆裂結束過了幾分鐘之後，開始第二次爆裂。這段時期的豆子變化劇烈，遍佈豆子表面的黑色皺摺拉平消失，外觀看來變得整齊劃一。豆子的顏色是褐色帶點黑色，香氣逐漸變強。

烘焙時，仔細觀察豆子的「顏色」、「外型」、「光澤」等變化很重要。想要計算烘焙停止的時間點，必須以豆子的「顏色」為主要依據，「外型」、「光澤」為輔助判斷的標準。「溫度」、「時間」、「聲音」、「香味」、「冒煙方式」等都只是次要的條件，最重要的是「顏色、外型、光澤」這三大要素。

所謂的「光澤」也就是「油光」。一般來說，咖啡豆在第二次爆裂的過程中，油脂就會浮上豆子表面，包裹整顆咖啡豆，變得油亮有光澤。新豆冒出來的油脂尤其多，烘焙程度愈深，油脂滲出愈多。

●給我不會出油的咖啡豆！

關於豆子出油曾經有過這麼一個笑話。那是我正處於咖啡研究之途的時期，有一位知名的咖啡研究家，我們所有人都是閱讀那位老師的著作學習。但他在書中卻寫著，豆子會有油光是因為「咖啡豆放太久而酸敗了」。（我想這位知名的咖啡研究家是誤會了，其實咖啡經過深度烘焙後，豆子表面就會滲出油脂，變得油亮有光澤。）

事實上咖啡豆不是放太久也不是瑕疵品，但是那位有地位的老師這樣說，我們也不能說什麼。我經常聽說烘焙業者的業務將深度烘焙咖啡豆快遞送到客戶手邊，客戶一看到泛著油光的咖啡豆，就怒罵說：「給我拿沒有出油的新鮮咖啡豆過來！」把業務員趕回去。那個時代對於烘焙程度沒有正確的認知，遇到這種情況，業務員真的會欲哭無淚。但也因為這件事，我有了寫書的念頭，所以人生裡會遇上什麼事情，還真的無法預測。

我希望各位進行烘焙時，利用「烘焙變化表」推測自己現在到了哪個階段、鍋爐裡的咖啡豆是什麼狀態，即使不正確也無妨。這種想像力才是能否正確烘焙的關鍵。

註1：皮屑。烘焙咖啡生豆時脫落的薄皮稱為皮屑。不同種類的豆子，剝落的多寡迥異。皮屑混入咖啡粉裡會影響咖啡液味道的乾淨程度。

註2：纖維素。β葡萄糖結合而成的多醣，也是植物細胞壁的主要成分，佔植物整體成分的三分之一，屬於碳水化合物的夥伴。其中最具代表性的就是地球上最多、人類無法消化的「膳食纖維」。草食性動物腸內有纖維素分解菌，因此能夠消化纖維。棉、紙、麻等的主要成分就是纖維素。咖啡生豆雖然屬於植物，纖維素含量卻很少，也是其與眾不同的特徵之一。

2-4 烘焙與咖啡豆水分

●用「蒸焙」去除水分

將烘焙圖表化之後，我們往往只會注意「時間」與「溫度」，但是咖啡豆的「水分」也是很重要的因素。水分什麼時候去除？上一節曾經提到，豆子進入第一次爆裂之前，水分已經去除，這個過程也就是所謂的「脫水」。

水分從豆子表面流失。豆子表面的溫度因為烘焙而升高，水分跟著蒸發。而豆子中央的水分則逐漸朝表面移動，然後才遇熱蒸發，因此比較花時間。

顆粒小的豆子、豆質相對較薄的豆子、偏軟的豆子脫水速度較快。相反地，顆粒大的豆子、豆質渾厚的豆子、細胞壁厚實且堅硬的豆子、細胞紋路較細的未成熟豆等，則不容易脫水。

「高地產的咖啡豆果實成熟要花上較長時間，

圖表 17　鍋爐內部溫度與生豆含水量

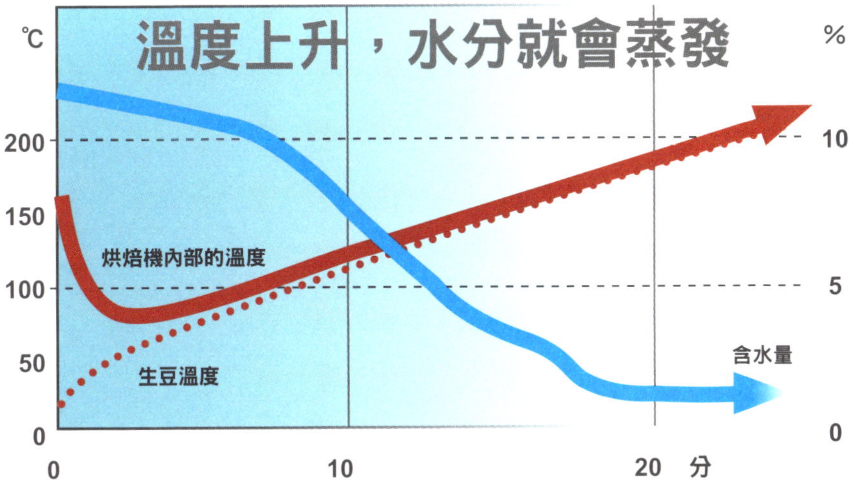

因此豆質較硬。另一方面，低地產的咖啡豆因為細胞成長較快，因此豆質偏軟。在脫水狀態方面，低地產與高地產的咖啡豆也有所不同。這個現象正好可用來解釋田口先生將生豆依個性分為A～D型所設計出的『系統咖啡學』。」（日部）

A型是產地相對較低的軟質豆，D型是高地產的硬質豆（可參考64頁）。關於這一點，下一節的「系統咖啡學」將會詳談。

回歸正題。前面提過，烘焙時，豆子表面與中心部分的水分蒸發情況不同；最糟的情況是只有表面快速烘焙完成，中心還是生的。不熟悉烘焙的人不清楚脫水的方法，因此烘焙出來的豆子水分含量不均，結果製造出留著芯、有澀味的咖啡豆。

那麼，該怎麼做才能夠讓所有豆子的含水量平均呢？此時就要利用「蒸焙」脫水。我會在烘焙剛開始的階段，加入「蒸焙」的手續。時間大約五～六分鐘。

進行蒸焙時，不是像蒸芋頭一樣關閉制氣閥蒸煮。希望各位別誤會，我只是用「蒸焙」一詞表示「脫水」，意思不是字面所示的要用蒸氣悶煮，而是必須將制氣閥稍微關閉，從小火開始用中火去除水分，統一所有生豆的狀態。這項脫水手續若是沒處理好，一定會出現烘焙不均、讓咖啡變成又澀又刺激的味道。

別小看雙重烘焙

烘焙的第一道難關就是「脫水」。如果只是單純的去除水分，並沒有那麼困難。

以相對較低的溫度長時間烘焙就能夠脫水。但是，這段期間也會排氣，因此不只是水分，就連不應該去除的香味成分也會一併被去除，結果咖啡豆就會變得索然無味。要掌握這裡的差別，相當困難。

此外還有一種稱為「雙重烘焙」的方式，這是為了去除生豆水分的變形手法，亦可稱之為修正技術。方法就如同名稱所示，必須烘焙兩次。第一次以中火烘焙幾分鐘，直到生豆脫色變白為止。烘焙的豆子暫時離火冷卻後，再按照平常的方式烘焙第二次。

這種方式能夠有效均勻豆子的含水量，經常用於烘焙含水量較多的深綠色新豆。部分人士認為「雙重烘焙」是邪門歪道，但我不同意。若是想要將皺摺不易拉平的豆子烘焙得漂亮，不小心就會花上太多時間，導致烘焙過度。為了讓這類不易馴服的豆子停留在理想的淺度~中度烘焙階段，有時也需要使用「密技」。

這種方式的確有味道與香氣會稍微跑掉的缺點，但我依然給這項技術正面肯定，並且盡量應用在能派上用場的地方。這也是打造咖啡味道的重要技巧之一。技術層面的密技再怎麼多也不為過。

●「老豆派」存在的意義

若說雙重烘焙是短時間內去除水分的技巧，那麼將生豆窖藏就是長時間去除水分的方式。這種方式是將生豆放置五年、十年，製作老豆咖啡。也有店家是以這種老豆咖啡取得日本第一的稱號。

過去有段時期，「爪哇老豆」（註１）這種老豆咖啡在歐美也有很高的評價，因此儘管現在是新豆的時代，但也不應該把「老豆派」視為異端。

我認為一個東西之所以存在，就代表有其存在的必要。將生豆窖藏變成老豆之後，品嘗枯豆的風味，這一派雖然為數不多，且就算只剩日本有人這麼做，我仍然想要支持他們。我從以前就沒有要以「新豆派」取代「老豆派」的想法，也十分明白老豆派在日本咖啡史上的確有合理的存在原因，不過，關於這一點，我們下一節再詳談。

到這裡，我們都在談「水分」對於烘焙的重要性。我站在技術的角度談去除水分的重要性，旦部先生則是從豆子內部發生的化學反應切入。

「水分」很重要，有些反應與「加水分解」有關，有些反應則與「脫水」有關。這些內容相當複雜，很難一次全部解釋清楚。

「我把重心擺在綠原酸類產生的苦味物質，因為這類例子相對來說較容易懂，並提供幾個方便解讀的圖表。這些圖表只是科學家在腦子裡構思的理論模式而已。沒想到田口先生過去累積的經驗正好

與這個理論模式導出的預測相符。這個理論模式也就是烘焙變化圖。」(旦部)

●追求咖啡應有的香味

有些人一聽到綠原酸這個詞就覺得頭痛。綠原酸類屬於咖啡豆、馬鈴薯等所富含的多酚(註2)之一，也是烘焙會產生酸、褐色色素、香氣成分元素的來源。

綠原酸類為什麼與「水分」有關，因為綠原酸類原本為咖啡酸和奎寧酸合而為一(「脫水聚合」)的物質。與其相反的反應稱為「加水分解」，這個反應是將一個物質變成兩個。前者在產生反應時會出水，後者則是利用加水引發反應，兩者均與水有關。

當我們很滿意地稱讚咖啡「出現咖啡應有的苦味」，是在脫水反應產生「綠原酸內酯」時，亦即旦部先生所說的「綠原酸中的奎寧酸跑掉一個水分子的狀態」。發生這種反應是在生豆水分少的時候。

相反地，在生豆水分多的狀態下加熱的話，就會發生「加水分解」反應，綠原酸類會分裂成「咖啡酸」和「奎寧酸」。看起來似乎很複雜，總之，咖啡酸本身也很澀，如果烘焙時留下芯，也就是還殘留水分，沒有完整烘焙，就會先喝到咖啡酸的澀味，致使整杯咖啡喝起來口感不佳。使用中深度烘焙的話，留著芯的咖啡更是會澀到難以入口，就是這個原因。

●「中度烘焙的苦味」與「深度烘焙的苦味」

這樣下去可不行，於是自家烘焙店老闆就會繼續烘焙到深度烘焙的程度，勉強達到深度烘焙效果，這也是他們根據經驗法則所採取的行動。意思就是說，烘焙程度愈深的話，至少可以把水分烘乾，即使有些焦味，咖啡還是可以入口。理由我不清楚，不過技術不夠純熟的人，也因此全部都以深度烘焙補救。

我這麼說或許有語病，過去的自家烘焙店為什麼全都採用深度烘焙咖啡呢?我認為應該就是為了

圖表 18　綠原酸製造苦味成分的過程

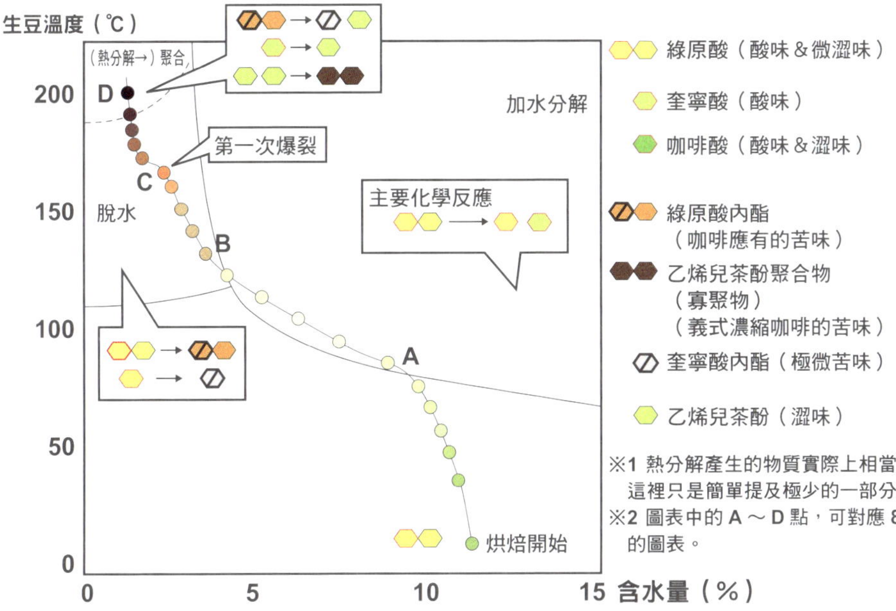

※1 熱分解產生的物質實際上相當多，這裡只是簡單提及極少的一部分。
※2 圖表中的 A ～ D 點，可對應 83 頁的圖表。

圖表 19　正確的烘焙概念圖

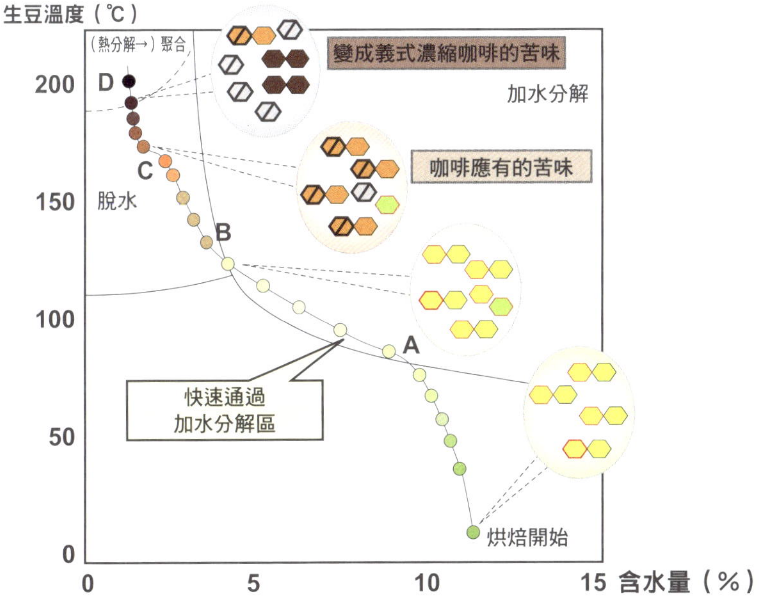

避免烘焙出留下芯又有澀味的咖啡所採行的計策。

旦部先生也以底下這番話為我的看法做補充：

「咖啡的苦味大致上可以分為兩種：『中度烘焙的苦味』與『深度烘焙的苦味』。綠原酸類產生的綠原酸內酯類是屬於中度烘焙的苦味，咖啡酸產生的乙烯兒茶酚聚合物則屬於深度烘焙的苦味、帶有焦味的苦味。去除水分失敗的中深度烘焙咖啡會產生強烈的澀味，不過只要再稍微烘焙一下，變成深度烘焙的程度，雖然會產生略為刺激的苦味，但是這樣的味道比澀味好多了。這些咖啡也全都聲稱屬於深度烘焙。」（旦部）

我試著整理旦部先生的說明。我們知道苦味大致上可分為兩種，這兩種分別是：

①中度烘焙的苦味（綠原酸內酯類）

②深度烘焙的苦味（乙烯兒茶酚寡聚物）

①是所謂「咖啡應有的苦味」，而②則是「義式濃縮咖啡等深度烘焙咖啡經常出現的苦味」。因此中深度烘焙是介於①和②之間的味道。

①的苦味或許因為味道順口，因此不喜歡苦味的人也相對較容易接受。採用中度烘焙的程度即使出現這種苦味，也有客人表示：「這個咖啡一點也不苦，很容易入口。」話雖如此，苦味就是苦味，太強烈的話，就會變成刺激的味道了。

然而，②在多種成分結合之後，就會產生「乙烯兒茶酚聚合物」（苦澀味），這裡將之定位為「不好的焦味」。②的乙烯兒茶酚寡聚物就是「不好的焦味」形成前的階段。

經過這樣解釋後，相信大家都能了解，不過化學名詞頻頻出現，實在令人頭痛，這點我也一樣。內容中不斷出現幾乎快咬到舌頭的用詞，真是抱歉。不過，這是從科學角度對烘焙的研究，希望各位能夠忍耐一下。

到這裡，我們知道了烘焙時若是沒能夠徹底去除水分，咖啡豆會留下芯並產生澀味。相反地，水分徹底去除，進入脫水反應之後，就會產生「咖啡應有的苦味」，變成更好喝的咖啡。而「老豆派」早就根據經驗法則知道這項事實，這一點讓我不禁感到佩服。

註1：爪哇老豆。稱為「舊政府爪哇咖啡（Old Government Java）」的老豆咖啡。第二次世界大戰之前被認為是相當珍貴的咖啡，在倉庫裡保管二～三年。據說雖然去掉了酸味，卻有獨特的香味。

註2：多酚。以存在於葡萄酒、可可之中而出名，事實上這是大多數植物都有的「天然抗氧化劑」，以朱堇花、草莓、鬱金的色素、櫻餅的香味、柿子和茶的澀味（單寧）等各種形式存在，在自然界中有超過四〇〇〇種以上的類型。

2－5 烘焙的科學

●咖啡豆也有類似的個性

這一節要談談「系統咖啡學」，希望各位仔細想想，若是從科學角度著眼的話，情況會是如何。在此之前，我想再回顧一次何謂「系統咖啡學」。已經知道的讀者可以當作是複習。

我多年來站在烘焙與萃取的第一線，注意到其中存在著某種「法則」，那是站在同樣立場的人也能夠隱約感覺到的事實。我找出其中的因果關係，幾分穿鑿附會地將事實與事實連結在一塊兒，試著理出方向，結果就像發現新大陸一樣，我在一片大霧中找到了一種緊密相連的架構，或稱為系統，也就是從咖啡生豆到烘焙、萃取的咖啡製造過程。

我嘗試從較高的角度俯瞰這個過程，這個假設是我從山頂環視整個咖啡烘焙與萃取世界的「鳥瞰圖」。

這項論述畢竟只是假設，很難避免邏輯上的破綻，不過可以保證內容正確無誤。

旦部先生認為我的假設是「技術人員想要解開咖啡烘焙之謎所做的『工學』研究」，而他自己的主張則是「科學家角度的『理學』研究」。無論是哪一種，本節將分別從工學的角度與理學的角度詳細分析「系統咖啡學」。

「系統咖啡學」這名稱聽來很了不起，這是編輯部想出來的稱呼，多少有點虛張聲勢的效果，不過內容其實很單純，不是什麼華麗的理論。

一直以來，我都要處理近三十種咖啡豆，有南美洲的、中美洲和非洲產的，也有新幾內亞、印尼等亞太產區生產的咖啡豆。這些咖啡都有自己的特性，所以負責烘焙的人不會感到無聊，因為烘焙時想要引出這些咖啡豆的個性著實困難。

過程中，我注意到一些有趣的地方。觀察生豆色澤、膨脹程度、顏色變化的情況，就會發現有些咖啡豆擁有相似的性格。比方說，古巴、巴拿馬、薩爾瓦多產的咖啡豆，烘焙表極為相似，令人驚訝。

在我店裡，每種咖啡豆的資料都寫在「烘焙紀錄卡」上，查詢這三個加勒比海中美洲國家的咖啡烘焙過程，就會發現變化紀錄都相同。

我心想：

「也許可以將同系統的咖啡豆歸為一組。」

後來，我仔細觀察，找到了幾個同樣系統的群組。肯亞、瓜地馬拉、哥倫比亞、坦尚尼亞等也是其中一組。

這一組咖啡豆的特徵是高地產、含水量多、豆質厚實堅硬。前面提過的古巴、哥斯大黎加那一組則與之相反，產地相對較低，熟度高、豆質柔軟。

●將咖啡豆分類

我突然感到好奇，於是著手將咖啡豆分類。分類「標準」如下：

①生豆的「顏色」。

②烘焙時「黑色皺摺」的變化。

③烘焙時「豆子膨脹」的現象。

④烘焙時「豆色」的變化。

我利用這四項標準，重新將同系統的豆子分類，原本一開始約有十個系統，最後精簡成四類，也就是A～D這四大類型（可參考64頁圖表）

①就是一般所謂「時間愈久，生豆顏色會從『深綠色→白色』」。水分去除，顏色就會跟著脫落。

例如，巴拿馬等放置一年後水分變少，生豆就會從深綠色變成白色。墨西哥等的顏色則是隨時間改變，一年之後就會超越白色，變成黃色。另一方面，含水量多、總體密度高的哥倫比亞、瓜地馬拉等咖啡豆的顏色變化較小。變動的程度視咖啡豆而不同，差異甚大。

這裡想要特別叮嚀的是，生豆顏色不是絕對的標準。

新鮮生豆有明顯的綠色，因此稱為「Green beans」，一般人往往以為含水量應該也很高，事實上並非如此。含水量會受到產地、精製法的不同而改變，不能一概而論「新鮮生豆是綠色，而且水分很多」。希望各位記住①的「生豆顏色」只是參考值。

而②～④的標準就是用來補充①的不完整。關於這部分，在《咖啡大全》中也有詳述，因此我很猶豫該不該再提，不過各位若是不曉得關鍵就無法繼續閱讀下去，我只好像壞掉的錄音機一樣不斷重複播放。

②～④是觀察生豆的顏色和形狀在烘焙過程中所產生的變化，主要是用以確認豆子屬於軟質豆或硬質豆。不用多說，軟質豆較容易烘焙，硬質豆則否。接著根據規定的「確認重點」仔細觀察。順帶一提，「確認重點」也有四點，如下所示。

●四大確認重點

（1）放入的生豆變鬆軟時。

（2）即將進入第一次爆裂時（淺度烘焙）。

（3）第一次爆裂結束時（中度烘焙～深度烘焙）。

（4）進入第二次爆裂時（城市烘焙～深城市烘焙）。

（1）就是所謂的「蒸焙」階段。火力是小火，制氣閥稍微關閉，利用蒸焙去除生豆水分，讓整體變白。觀察重點是生豆內側中央線的變化。

A型軟質豆的中央線會大大張開，D型硬質豆則不容易張開。可藉此稍微確認水分含量的多寡與豆子的軟硬。

（2）是在第一次爆裂發生前的幾秒鐘。一般來說，咖啡豆會在此時開始膨脹，並且在進入第二次爆裂之前幾秒拉平皺摺，尺寸已經大上一圈。

完全符合這些情況的只有A型。C型和D型的話，只會有醒目的黑色皺摺，不會膨脹變大。

（3）是在第一次爆裂結束時。若是A型豆，表面的皺摺和凹凸不平會減少，顏色變得比C和D型明亮。果肉厚實堅硬的D型在這個時間點仍會留下黑色皺摺，整體顯得略黑。

（4）是在進入第二次爆裂時。A型軟質豆的皺摺完全消失，表面變得光滑。但是D型的皺摺仍然沒有完全拉平，表面還留有凹凸不平的痕跡。

以上是四項確認重點，以試匙（一般稱湯匙）一一確認這些重點，同時綜觀含水量多寡、豆子的軟硬。顏色變化和緩、皺摺完全拉平的軟質豆屬於A或B型。相反地，皺摺始終無法拉平、豆質厚實的硬質豆，就是C或D型。

利用這種方式簡單分類得到的就是以下的A～D型。

■A型

咖啡豆整體呈現白色，大中小尺寸應有盡有。豆子扁平且單薄是最顯著的特徵。大致上多是產自低地或中高地，酸味少，香氣也少。豆子單薄，因此透熱性佳，且容易充分膨脹。

相對而言成熟度較高，因此不易產生烘焙不均的情形，不過深度烘焙的話，就會像沒氣的啤酒一樣少了爽口與醇厚口感，味道會變得單調。「淺度烘焙～中度烘焙」是最佳&次佳的烘焙程度。一般稱為「加勒比海系列」的巴拿馬、多明尼加，以及南美洲的巴西水洗豆等，皆是屬於A型。

■B型

處理容易，合併了部分A型與C型的特性，因此適用於淺度烘焙～中度烘焙～中深度烘焙，範圍廣泛。

多半產自低地～中高地，透熱性沒有A型好。假如採用淺度烘焙，容易產生澀味，這點必須留心。在我店裡主要使用「中度烘焙」。古巴、尼加拉瓜、摩卡・瑪塔利，以及非洲的烏干達、尚比亞均屬於這一型。

■C型

多半屬於中高地產，豆子相對較厚實，且表面少有凹凸不平，顏色是淺綠色，味道和香氣豐富。我採用一般認為最能夠完整呈現咖啡滋味與風味的「中深度烘焙」，能夠品嚐到「兩次爆裂世界」的豐富度。還具備與B型、D型的互換性，用途意外廣泛。曼特寧、衣索比亞水洗豆、蒲隆地、哥斯大黎加等均屬之。

圖表 20 「SCAA 咖啡生豆色階」Green coffee color gradient 與「系統咖啡學分類」

SCAA 精品咖啡的顏色範圍

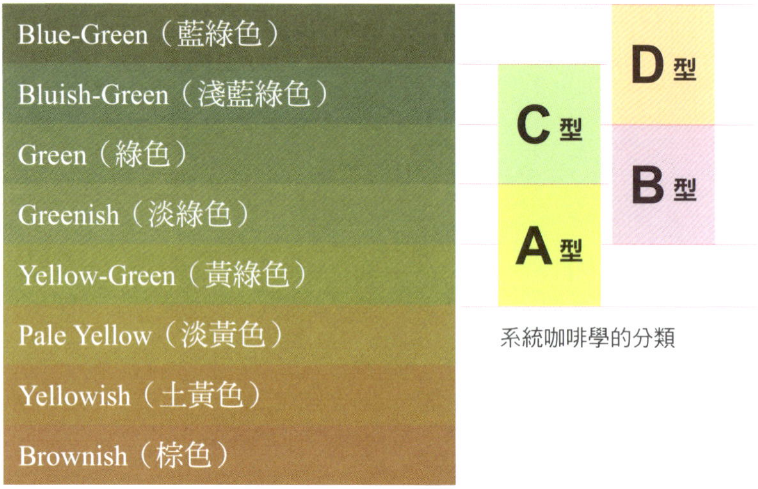

系統咖啡學的分類

SCAA 規定精品咖啡的生豆顏色為上列 8 階段中的「藍綠色（Blue-Green）」到「淡黃色（Pale Yellow）」範圍。顏色會根據生產國、產地、精製方式、時間而改變。

■D型

高地產的大顆粒厚實硬質豆。透熱性理所當然較差，且豆子表面凹凸不平。在淺度烘焙~中度烘焙的程度無法充分膨脹，皺摺也無法拉平。能夠發揮天生風味的是「中深度烘焙」以上的程度，深度烘焙之後仍然能夠保有濃厚滋味。這一型的豆子若是採用A型的淺度烘焙，將會出現典型的酸澀味，也就是有「芯」的味道，而難以入口。烘焙程度超過法式烘焙的話，味道會變得單調，不過苦味也會稍微清爽些，不會過重。哥倫比亞、瓜地馬拉、肯亞、坦尚尼亞均屬於這一型。

●四大類型也有例外

不過這其中一定存在例外的咖啡豆，在我店裡，被分類在B型（中度烘焙最佳）的「印度APA」反而採用義式烘焙。

這種咖啡豆原本酸味就少，即使採用深度烘焙，也能夠留下平衡的味道。雖然沒有強烈個性，但容易入口，因此絕對適合推薦給深度烘焙咖啡入

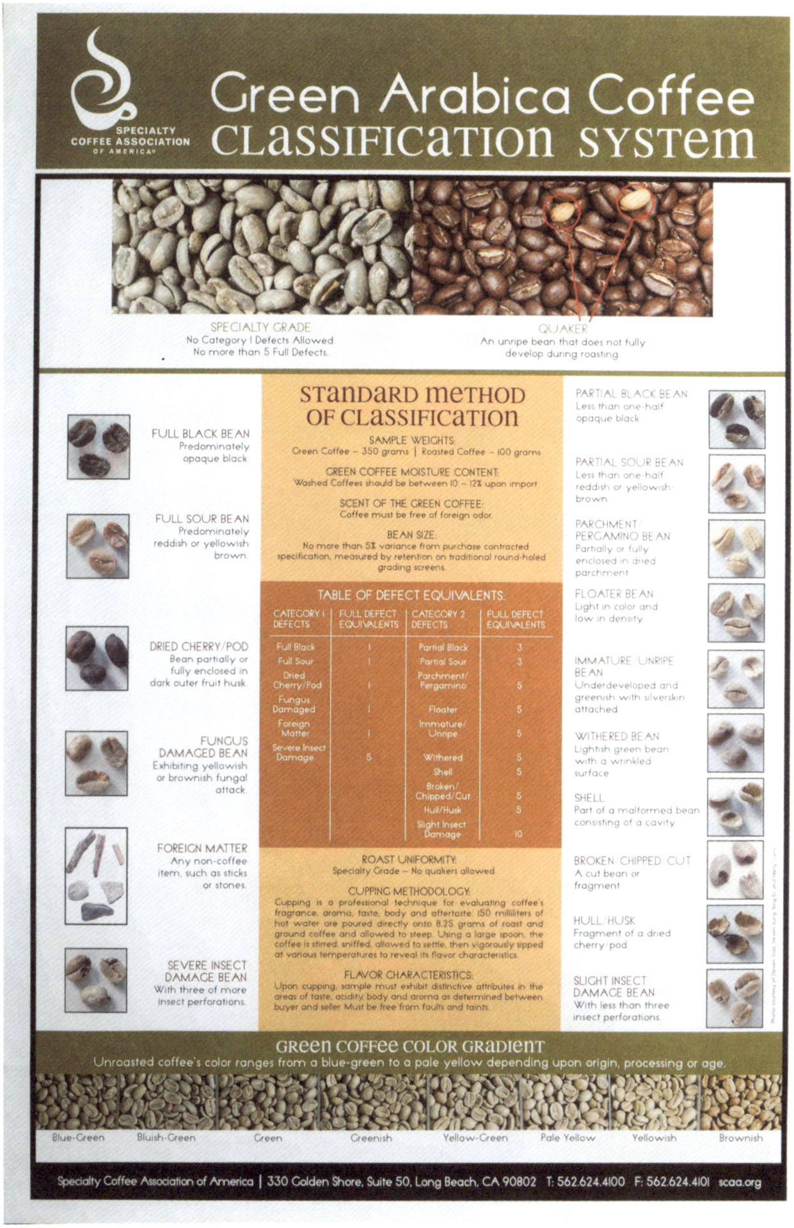

SCAA（美國精品咖啡協會）製作的海報。內容包括阿拉比卡種生豆如何分級、若摻入照片上的瑕疵豆會扣幾分，諸如此類。一般認為這是製作給生產者看的精品咖啡宣導海報。

門者品嚐。

另外，A型（淺度烘焙最佳）的「祕魯EX」也同樣使用中深度烘焙。過去有段時期，客人之間流行這句口號：「去巴哈咖啡館，一定要喝祕魯恰恰瑪悠（Peru Chanchamayo）！」稍微烘焙深一點的祕魯咖啡是我店裡的招牌。味道均衡，口感清爽。這個咖啡與印度咖啡同樣屬於深度烘焙的入門咖啡。

以上是例外的情況，剩下的就靠各位配合個人喜好，找出「自己的例外」了。我曾經提過許多次，提出這個A～D型的分類只是為了方便我所設計出的「田口護系統咖啡學」。如果各位能夠由此出發，深入討論，或是進一步讓它更完善的話，這項分類系統也就達到目的了。

事先記住這個類型分類與特徵，有助於各種場合的應用。舉例來說，眼前有深綠色、該年度的大顆粒生豆。於是店家心想：

「外觀看來應該是C型或D型豆。含水量似乎很多。從規格來看應該是高地產的豆子。既然如此，黑色皺摺在加熱後不易拉平，脫水失敗的話就會變成有『芯』的味道了……」

此時店家突然想起「各類型生豆烘焙表」。

「對了，延長第一次爆裂之前的蒸焙（脫水）試試。」

這是他的看法。我大概也會採用同樣的對策因應。但是脫水過程如果太長，恐怕會變成「加水分解」，必須小心。以上就是可能出現的心理情境模擬。

●A型豆在「出現之後」時代會消失嗎？

以上是精品咖啡出現之前，也就是「出現之前」時代的分類。那麼，精品咖啡「出現之後」的時代又是如何呢？過去我在《精品咖啡大全》中提到：「精品咖啡擁有更多獨特的個性，不適合直接歸類在小框框內。」像「出現之前」時代那樣個性單純的咖啡豆減少，每種咖啡豆都有自己的個性，無法全部歸類在一個框架底下。但是我這樣一說，反而招致混亂，所以我檢討了一下。

各位不需要想得太複雜。部分咖啡豆需要個別對應，不過大半咖啡豆仍舊在框架內。如同前面提過，你只要記住，精品咖啡大多數都是高地產的硬質豆，很少是「出現之前」時代的A型軟質豆即可。

也就是說，「出現之前」時代的A～D四大類型，到了精品咖啡的「出現之後」時代，純粹的A型豆會消失，而納入到「B～D」三類型之中，這樣說或許比較簡單明瞭。順帶一提，「出現之後」咖啡豆總的來說都是為了參加品評會而打造，因此多半是偏軟的豆子。因為這類咖啡豆在香味審查上較容易取得高分。

舉例來說，「肯亞AA」是D型豆，這種豆子渾圓厚實。在「出現之前」時代，我將這個咖啡豆的最佳烘焙點設定為「略偏義式的法式烘焙」；到了「出現之後」時代則是如何呢？豆子仍舊來自同樣產區，但過去的包裝是六十公斤的麻袋裝，現在收到的卻是十公斤的真空鋁箔包裝。烘焙之後發現，這個微量批次包裝的咖啡豆不像過去的肯亞豆那樣堅挺，整體變得較軟，於是我改以「接近深城市的法式烘焙」處理，烘焙得稍微淺一點。

不管怎麼說，對於A～D型的分類無須太過神經質。看了「烘焙變化表（A～D型的差異。請參考圖表21）」就能明白，烘焙開始時的含水量不同會造成A～D型的起點不同。但是烘焙到了後半段之後，各位應該注意到差異就消失了，四種類型幾乎變成一條線。旦部先生表示：「這個路徑的不同，正是造成A～D型味道差異的最大原因」。

旦部先生認為，A～D的曲線緩慢合一之前——以賽馬來說，就是跑完第三彎道，準備進入第四彎道時——這個階段就是打造「咖啡應有的香味與顏色」的「事前準備」舞台。

「這個階段的事前準備內容，決定咖啡最後的模樣。亦可說咖啡豆在這個階段決定了往後的『命運』。」（旦部）

這個重要的舞台是什麼呢？就是前面提過多次的「蒸焙」，亦即去除水分的步驟。水分去除的狀況，毋庸置疑地決定了咖啡豆的「命運」。

圖表 21　烘焙變化表．A～D 型的差異

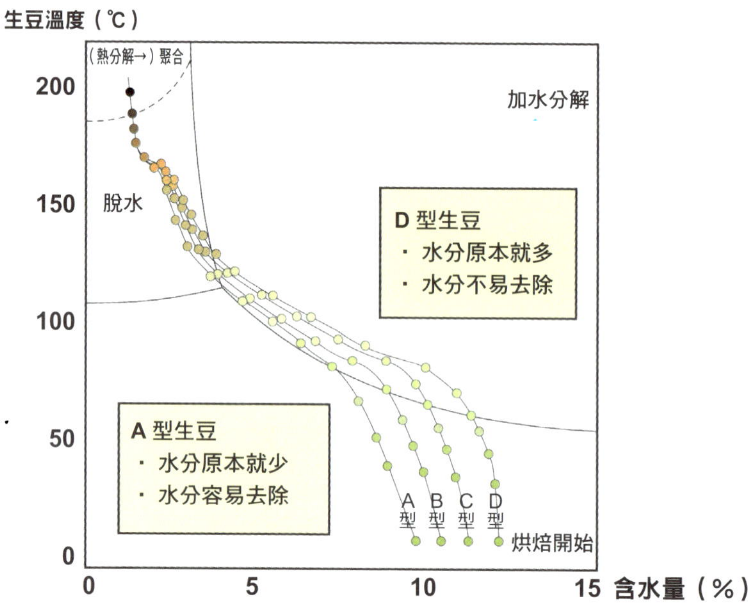

意思就是，「去除水分」正是烘焙成功與否的最大關鍵。事實上我也贊成旦部先生的意見。以結果來說，特地將咖啡豆分為A～D四大類型，就是根據「去除水分的難易度」進行分類。

●千萬別輕忽去除水分的步驟

在此我將針對「去除水分」步驟更進一步詳細分析。根據旦部先生的說法，熱是從咖啡豆表面傳到內部；但是因為咖啡豆本身的導熱效率差，因此必須花上一點時間才能將熱傳到內部。一般都知道銅金屬等物質的導熱效率高，咖啡豆的導熱效率大約只有銅的四〇〇〇分之一，據說與木材差不多。

「因此，厚而大顆的豆子（D型），熱不易到達內部的芯。相反地，小而單薄的豆子（A型）則容易透熱。不過，比起顆粒大小，『厚度』更是影響導熱效果的主因。」（旦部）

生豆放入烘焙機滾筒到第一次爆裂發生前這段期間，稱為「脫水（蒸焙）」階段。生豆在這個階段會產生物理變化，也就是生豆放入後沒多久，鍋

爐內的溫度上升，生豆變軟（橡膠狀態）；接著水分大量蒸發，生豆含水量減少，同時溫度也逐漸上升；含水量減少到一定程度以下時，豆子再度變硬（玻璃狀態）。到了這裡，生豆裡的水分已經去除了大部分（可參考83頁的圖）。

旦部先生說：

「利用烘焙製造咖啡的香味成分，必須一、在含水量少的狀態下，二、溫度大約達到一八〇℃以上。假如芯的部分沒能夠徹底去除水分，將會只有芯沒有烘焙到，而明顯破壞香味。」

咖啡豆只有芯沒有烘焙到會如何破壞香味呢？芯裡的水分暴露在高溫之下，容易產生某種化學反應，尤其會加速「加水分解」的進行。加水分解會造成什麼影響？旦部先生表示，部分蛋白質被分解後，氨基酸的含量會增加；部分糖類被分解後，更小分子的糖類含量會增加……其中咖啡「苦味」來源的綠原酸的加水分解，具有重要的意義。

前面已經提過，綠原酸是奎寧酸和咖啡酸結合形成的物質。綠原酸受熱後發生加水分解，分解成奎寧酸和咖啡酸，也就是一個酸產生兩種酸，增加了生豆裡的酸含量，酸味自然會增加。

「綠原酸原本就帶有酸味和些許澀味；奎寧酸有讓人想到奇異果的強烈酸味；咖啡酸則有酸味和強烈澀味。因此發生加水分解後，酸味與澀味都會跟著增強。」（旦部）

前面提過，苦味分成「中度烘焙型的苦味」與「深度烘焙型的苦味」。後者的苦味「乙烯兒茶酚寡聚物」來自於咖啡酸，也就是說，加水分解增加了咖啡酸的含量，因此這類型的苦味會變得更加明顯。相反地，綠原酸的含量因為加水分解而減少，所以「淺度烘焙～中度烘焙」主要出現的「咖啡苦味」，也就是「綠原酸內酯類」的產生會降低。

●咖啡因的兩大誤解

這裡稍微整理一下：

「若咖啡豆水分多，花時間去除水分的話，反而會引起麻煩的加水分解現象，在『淺度烘焙～中度烘焙』的階段會有強烈的酸味和澀味。無法出現咖啡應有的苦味，而是出現刺激的苦味。」

旦部先生比較這番理論與我的「類型分類」之後這樣說：

「《咖啡大全》中的D型豆特徵提到，採用淺度烘焙的話，會有『明顯的酸味』、『也有強烈的澀味』。採用中度烘焙的話，『味道會變得很豐富，甚至可說太過豐富』。採用深度烘焙的話，會出現『有深度的苦味』。這些正好與我的理論導出的預測完全相符。」

我們已知苦味的來源是綠原酸。直到不久之前，眾人一提到咖啡的苦味，都以為最具代表性的成分是「咖啡因」，這完全是誤解。咖啡因的苦味只佔咖啡整體苦味的不到十％。去除了咖啡因的無咖啡因咖啡，也有著無異於一般咖啡的苦味，由此就能明白，即使少了咖啡因，咖啡仍然有苦味。

順便補充一點，旦部先生替我們修正了兩項與咖啡因有關的誤解。

①咖啡豆的烘焙程度愈深，咖啡因愈多⬇X

「我想這恐怕是將『咖啡烘焙程度愈深，苦味愈增加』的事實，與『咖啡因是咖啡苦味的來源』這項誤解結合在一起所產生的推論。」（旦部）

②咖啡豆的烘焙程度愈深，咖啡因愈少⬇X

「這點也是言過其實。在深度烘焙過程中昇華消失的咖啡因含量，約是生豆原有咖啡因含量的十～十五％。比較淺度烘焙與深度烘焙的話就會發現差異只有幾％的程度而已。」（旦部）

由此可知，咖啡因在咖啡含有的所有成分當中，是屬於最不易因為烘焙而改變的成分之一。

●利用滴濾法消除不討喜的苦味

前面提過苦味的來源是綠原酸，但綠原酸並非一切苦味的來源。苦味的成分不只一種，而是混合了多種味道迥異的類型（褐色色素等）。其中有咖啡應有的苦味，也有一般形容是義式濃縮咖啡的微刺激苦味。另外還有類似氨基酸類的黑啤酒苦味，以及醇厚的苦味、清澈鮮明的苦味。每一種都具有不同的風味。

前面已經再三提過，採用深度烘焙的話，帶來微刺激苦味的乙烯兒茶酚寡聚物就會增強，不過也有人喜歡這種苦味。

我也不認為這種苦味難以接受。若是按照旦部先生的說法，綠原酸內酯與乙烯兒茶酚寡聚物是「好苦味」，而烘焙到了後半段出現類似焦味的「壞苦味」，則是來自乙烯兒茶酚聚合物。不過雖說是「好苦味」，眾人還是會好奇寡聚物的「苦澀味」能否變成更加清爽的苦味呢？

答案是可以。只要透過萃取遮瑕、調整就行，也就是利用滴濾法。旦部先生說：

「日本常見的法蘭絨滴濾法，事實上就是為了讓深度烘焙咖啡更好喝而發展出來的技巧。苦澀味在英文稱為『Harsh』。想要去除這個 Harsh 味，只要在萃取時吸除出現的氣泡即可。」

紙漿回收再利用時，有一道程序是將印刷在紙上的油墨去除，稱為「脫墨」。過程是使用脫墨劑產生泡沫，再讓泡沫吸收油墨。讓氣泡吸附苦澀味，也是同樣原理。

以深度烘焙咖啡為招牌的自家烘焙店有許多法蘭絨滴濾法的死忠支持者，我想應該是根據經驗學到法蘭絨滴濾法能夠緩和討厭的苦味。

另外還有一點，降低萃取溫度，也能夠緩和類似義式濃縮咖啡的深度烘焙苦味。因此，稱為深度烘焙咖啡名店的店家幾乎毫無例外，都是提供溫度較低的咖啡。以相對較低的溫度，用大量咖啡豆萃取濃郁的咖啡液，避免出現雜味。於是，濃度提昇的同時苦味也增加了，徹底重視苦味就是成為名店的條件。過去或許是因為生豆品質不佳而影響了此法萃取而成的咖啡質感，不過至今日本咖啡文化已經與深度烘焙的法蘭絨滴濾咖啡一同進化了。

●爆裂聲是烘焙正在進行的參考依據

萃取的詳細內容，我們第三章再談。這裡談談烘焙時發生的各種現象如何從科學的角度分析。

接下來仍要繼續談綠原酸，不過這裡我們先回到「爆裂」的話題。我說過，烘焙過程中會發生兩次大型爆裂。

那麼，第一次爆裂、第二次爆裂各發生在生豆的哪個位置、哪種狀態下呢？根據旦部先生的說法，咖啡豆中央線的部分，形狀像是往內捲起，因此中央線裡頭有些縫隙。

「去除水分的過程中，生豆排出的水分變成水蒸氣排出，其中一部分則會累積在那個縫隙裡。生豆還柔軟時，即使縫隙中的壓力上升，豆子仍然能夠透過膨脹或伸展的方式安然釋出壓力，但是豆子一旦玻璃化變硬之後，就無法變形，縫隙裡的氣體因此失去了排除壓力的方法而持續累積壓力，最後終於無法承受，較脆弱的部分發出『啪嘰』的聲音裂開。這就是第一次爆裂。」（旦部）

蒸氣是否藏在縫隙中，這是屬於機率問題，也不是所有生豆都會發出爆裂聲，甚至應該說，會發出爆裂聲的只是一部分的豆子。

旦部先生表示：「第一次爆裂聲是烘焙正在進行的指標。」這話是什麼意思？也就是說將要發生第一次爆裂之前，生豆會變硬，那麼生豆內部的壓力必須上升。豆子內部的壓力上升是促成咖啡香氣產生的必要化學反應，因此「第一次爆裂發生的時間點＝咖啡香氣產生的下一秒」。所以才會說，第一次爆裂是產生香味的重要指標。

●第二次爆裂正是味道的分界

第二次爆裂又是如何呢？第二次爆裂發生的時間頂多持續九〇～一二〇秒。聲音一開始是分散的，後來逐漸清晰，到了爆裂中期的十幾秒時間，爆裂聲變得平穩，進入中深度烘焙的最佳時間點。其後進入中深度烘焙和深度烘焙的階段，豆子出現光澤，同時開始冒煙。此時進行排氣調節與否，將影響豆子是否會覆蓋於強烈的煙霧。最後的十幾秒相當於C、D型咖啡豆的法式烘焙程度，豆子表面會滲出薄薄的油脂。

在我們從科學角度探討第二次爆裂之前，先來看看第二次爆裂是生豆的哪個部分裂開了。

「從物理角度來說，咖啡豆在胚芽形成時，產生細微的縫隙，造成胚芽部分的細胞壁薄而脆弱。因此，內部一旦累積燃燒氣體（各式各樣揮發成分產生的物質），造成壓力上升，脆弱的細胞壁就會瓦解，此時會發出較高的『霹嘰』聲。這就是第二次爆裂。」

旦部先生如是說。第一次爆裂若是「細胞內部壓力上升、產生香味的指標」，則第二次爆裂就是「不同類型化學反應的開始」指標。

我從過去就主張，在第二次爆裂即將開始之前，會有一個「香氣改變」的分界線。而按照旦部先生的說法，生豆溫度上升到接近二〇〇℃時，化學反應的「類型」就會逐漸改變。

「熱導致生豆成分大規模分解，產生二氧化碳氣體等各式各樣的揮發成分。接著出現化學反應產生熱。」（旦部）

我認為「第二次爆裂是味道的分界線」，也希望獲得他的背書。因此我請旦部先生針對第二次爆裂再說得得更深入些。

旦部先生表示自己的主張只是推測而加以拒絕，但他也提出這樣的看法：

「大致上說來，深度烘焙型的苦味，也就是乙烯兒茶酚寡聚物產生之前，會先產生二氧化碳。這個氣體造成生豆內部壓力上升而發生爆裂，我認為這就是第二次爆裂的真面目。因此第二次爆裂是『深度烘焙型苦味』產生的指標。田口先生根據經驗法則主張的『第二次爆裂是味道的分界線』，對照乙烯兒茶酚寡聚物產生的過程，正好和我的看法一樣。因為這個苦味成分產生的前幾秒，正好產生了二氧化碳氣體。」

●多種苦味層疊的中深度烘焙區

這裡出現了不少讓人一看就腦子一片空白的名詞，我們將這些內容化為算式。

「綠原酸（或是綠原酸內酯）→奎寧酸＋咖啡酸」像這樣經過加水分解之後，就會變成「咖啡酸→乙烯兒茶酚＋二氧化碳氣體」，變成「乙烯兒茶酚 x2（or x3）→乙烯兒茶酚寡聚物」（可參考 91 頁圖表）。

「仔細看看就會發現，咖啡酸在變成乙烯兒茶酚時，產生了二氧化碳氣體。當然在其他時候也會產生二氧化碳氣體，不過從時間點來想的話就會發現，第二次爆裂之前因為發生這樣大規模的反應，因此豆子裡頭產生大量的二氧化碳氣體。然後這股壓力導致豆子破裂。這個破裂就是第二次爆裂的真面目。」（旦部）

接下來談談苦味。以前也曾經提過，一般認為酸味是腐敗的警訊，而苦味則是「有害物質，禁止食用」的警訊。多數毒物都具有苦味，因此動物將苦味視為不舒服且危險的味道而遠之。

再者，苦味不是必須營養素，不攝取苦味也能活命。但是試想，若是少了有明顯苦味的啤酒、咖啡、充滿豐富苦味的春季蔬菜，似乎就少了點樂趣，生活也少了調劑。

一開始讓人敬而遠之的苦味只要習慣之後就會上癮，或是令人想要嘗試刺激感更強烈的東西。一旦迷上咖啡的苦味，就是進入無止盡的內酯、寡聚物的世界。

「關於苦味，一般人對於其中的品質差異還沒有太多認識。雖然感覺似乎有差異，卻找不到準確的詞彙形容，只是隱約感覺到當中存在著不同。結果就是覺得混合超過兩種以上的苦味中存在複雜與深奧，甚至有立體感。這種複雜與深奧就是苦味的『醇厚』，也是好苦味的來源。因此，混合兩種以上苦味的區域，也就是中深度烘焙，成為較容易產生『好苦味』的區域。」（旦部）

看過「烘焙溼香氣／味覺表」（可參考158～159頁）之後的確可以發現，在中深度烘焙區裡，集中了不只兩種，甚至有三、四種不同類型的苦味，更添複雜性。

「田口先生說中深度烘焙～深度烘焙的香味是『豐潤的世界』，指的大概就是這種情況。『許多味道混合』就是醇厚的關鍵，因此複雜苦味交織的中深度烘焙區，可稱得上是醇厚的寶庫。」（旦部）

我們根據不同類型分析了去除水分、爆裂，最後以綠原酸產生的苦味收尾，希望各位能夠感覺到這些內容的豐富與相關性。

2-6 烘焙的理論與應用

●需要調整的不是火力，而是排氣量

前面已經提過許多關於烘焙的內容，這裡簡單歸納如下：

①比起咖啡品種和產地品牌，烘焙更重要。
②熱源（理論上）不會改變味道。
③醇厚口感來自於「複雜性」。
④精選程度高的咖啡豆，爆裂聲音較集中。
⑤脫水（蒸焙）的好壞決定咖啡豆的命運。
⑥綠原酸是「苦味」的關鍵。
⑦「A～D」型的分類也是脫水難易度的分類。
⑧咖啡因不是苦味的主角，而是配角。
⑨「第二次爆裂」存在味道的分界。
⑩中深度烘焙區有最豐富的味道和香氣。

其中就像5和7提到的重點一樣，烘焙過程中存在著「脫水（蒸焙）」這樣重要的步驟，希望各位能夠充分了解。旦部先生甚至表示，脫水「決定咖啡豆的命運」。也許各位會覺得太誇張，但若是沒有正確脫水，導致加水分解發生，就會產生不好的成分。我根據多年來的經驗也有同樣感覺。脫水狀態的好壞將會帶給咖啡味道決定性的影響，這一點完全正確。

若是請教技術人員對於烘焙的整體感想，過去著重的課題是「到第一次爆裂發生為止必須花多久時間」。在技術層面上來說，這是第一道關卡。這件事當然也與烘焙機的性能有關，不能一概而論，不過老實說，若是使用舊式烘焙機的話，將會非常吃力。

技術人員操控的功能只有兩項——火力（氣壓）和排氣量（流速）。我基本上不會更動火力（氣壓）的調節，只變更排氣量，也就是輕微調整制氣閥，藉此控制熱源。

有些人在第一次爆裂開始發生，就會稍微降低火力，在第二次爆裂開始時，又進一步降低火力，忙碌地調整氣壓。我想這些人或許是使用雙重系統燃燒器的烘焙機，火力過剩且排氣能力高過需求。排氣能力過高的話，鍋爐中的溫度理所當然不易上升。

在第一次爆裂之後降低火力的話，生豆無法充分膨脹，再加上煙霧和揮發成分無法順利排出，就會烘焙出有煙燻味的咖啡豆。最理想的狀態是盡量不調整火力（氣壓）的大小。胡亂增加燃燒器的數量或是增設排氣風扇的話，以結果來說，只會破壞火力與排氣的平衡。功能固然提昇了，烘焙機卻變得難以控制，豈不賠了夫人又折兵。

●定期清理鍋爐

一般人只要遇上排氣能力減弱，就會忍不住想要仰賴氣壓。咖啡豆的熱量來源只有「氣壓」和「排氣量」兩種，因此大家往往以為互相代用也無妨。這是錯誤的觀念。

我會增加熱風的流量，以追求極度穩定的火力。風量增加，也能夠快速脫水。我愛用的「名匠」半熱風烘焙機，排氣性能高且平衡絕佳，甚至可以稱為「熱風烘焙機」。

那麼，排氣能力較差的烘焙機該如何處理？市區的店鋪經常無法使用裝有垂直排氣煙囪的烘焙機。如此一來，排氣性能會變差，於是他們仰賴火力的調整，用偏強的火力烘焙。結果會是如何呢？咖啡豆的表面容易烤焦，而且有強烈的苦味。另外還會產生獨特的澀味，也就是出現「高溫烘焙」缺點。

接下來這段是題外話。巴哈咖啡館每三個禮拜會進行一次鍋爐清理。使用一段時間之後，烘焙機的煙囪內部會黏著皮屑（薄皮）和煤。清理的範圍還包含室外的直式煙囪裡頭。打掃時是利用適合煙囪口徑的刷子仔細刷洗。煙囪一旦塞住，排氣能力就會顯著下降，導致無法透過操作制氣閥自由控制排氣。另外，煙囪每四個月會拆解一次，徹底清理。

所謂排氣情況良好，也就是使用小火、中火、大火，任何程度都能夠適當烘焙。從小火到大火的操作可靠感覺調整，再加上反饋良好，因此操作上其實很輕鬆。

那麼，使用排氣能力較差的烘焙機，該如何完美烘焙呢？以結論來說，方法唯有快點找到能夠適當的烘焙火力範圍，並經常使用該火力烘焙。若想要進行超出烘焙機效能的調整，藉此創造出困難的味覺表現，反而會導致味道和香氣流失。希望各位盡早了解這一點。

聽說某個烘焙機製造商在五公斤烘焙機上裝載十公斤烘焙機使用的排氣風扇，並且大力向客人推銷。一旦有人抱怨排氣太弱，他們還會協助增加數倍排氣風扇的扇葉數量。這種做法反而不利於清理與保養。當中有些人大概是了解排氣的重要性，因此特地將簡易的風速計插進取樣杓的洞裡，但這只能測量到風速，一點意義也沒有。這些人顯然連基本的概念都沒搞懂。

●優質烘焙機的脫水表現更卓越

我們回到「脫水」的話題。利用相對較低的溫度長時間烘焙，就能夠去除水分。但是，重要的味道與香氣也會因此流失，使得咖啡豆變成「無趣的味道」，這些在前面已經提過。烘焙D型的硬質豆時，雖已稍微降低氣壓、花時間耐心烘焙，卻還是有香氣會跑掉的缺點。因此最重要的是必須先充分了解烘焙機的性能與咖啡豆的類型。

事實上有些情況是A、B型豆卻適合採用略深的烘焙程度，而C、D型豆適合採用較淺的烘焙程度。這是為了混合出綜合咖啡等採用的簡便方式。雙重烘焙也是同樣意思，因此建議列入考慮的備用選項之一。

生豆窖藏也許可稱得上是終極的「脫水」。這裡不談這種方式的好壞利弊，不過我想補充旦部先生對於成分變化上的意見。旦部先生這麼說：

「將生豆靜置存放，脂質和氨基酸都會改變。脂質一旦氧化，就會出現類似枯草的氣味。而氨基酸一旦產生變化，原本是類似巧克力的味道，就會變成類似爆米花或穀物的香味。新鮮香氣會消失。整體而言，所有咖啡豆都會變成同樣的味道和香氣。可以清楚告訴各位的就是，老豆咖啡與其說是用來享受香味的咖啡，不如說是用來享受深度烘焙『苦味質感』的咖啡。」

一旦過度窖藏或雙重烘焙，香氣的特徵就會消失，咖啡豆本身的個性會減少。這麼說有些沒頭沒尾，咖啡豆一加熱，水分就會跑掉。或許是太過理所當然，因此「脫水」步驟在過去不曾受到重視。只要經過加熱，水分的確會跑掉，但是隨時掌握鍋爐裡生豆當下的狀態更重要。硬質豆脫水不易，水分沒有徹底去除就完成烘焙的話，會產生煙燻味，而且容易出現刺激的酸味。因此，我這樣說實在毫無新意，不過D型豆必須採用適合D型豆的烘焙方式，最後才能夠創造出美味的咖啡，而這也是打造美味咖啡的捷徑與絕招。

去除水分的話題就到此為止。若要說我從中學到了什麼，大概就是「脫水容易的烘焙機就是好烘焙機」這件事吧。希望各位也能夠了解這一點。

●「鼻尖香」與「口中香」

接下來我想補充關於咖啡的「香味」。人類能夠感知的香味大致上可以分為兩種——「鼻尖香（鼻子聞到的香氣）」與「口中香（從口腔到鼻子的香氣）」。葡萄酒的世界討論的就是這兩種香氣，咖啡的世界則還要再加上「回甘香」。也就是喝完咖啡後感覺到的、從喉嚨深處穿過鼻子跑出來的香氣。

過去沒有「風味」或「香味」的說法，只談「香氣」。這四十年來，香氣也許是發展最迅速的領域。尤其是精品咖啡問世之後，這一塊的發展更是顯著。

「香氣」與「味道」合稱「香味」，與英文的「Flavor（風味）」幾乎同義。Flavor（風味）＝Aroma（溼香氣）＋Taste（味道）。提到Flavor（風味）時，溼香氣還代表「口含香」，意思就是從口腔裡直接傳達到鼻腔內側的口中香系列的香氣。

「一般認為，咖啡香氣在口腔內側的感覺（口中香系列）比用鼻尖直接感受到的香氣（鼻尖香系

列）味道更強烈。也就是說，含在嘴裡感覺到的香氣與味道的總和，就是風味（Flavor）。」（旦部）

按照旦部先生的說法，口中感覺到的香氣經常影響味道、風味的物質。

「舉例來說，準備兩杯勉強能夠感覺到甜味的糖水。其中一杯加入極微量的香草精。如此一來，加入香草精的糖水嚐起來應該會較甜。這是因為受到來自口中的『甜香味』影響。經由這個實驗可知，只要有效使用香草精，或許就能夠減少砂糖的用量。」（旦部）

●咖啡「甜味」的真相

接下來，旦部先生提出這樣有趣的推論。也就是「一般常說，一流咖啡師烘焙的咖啡是甜的，這是真的嗎？」日本自家烘焙領域的確認為追求「深度烘焙的甜味」正是烘焙之路的首要目標。雖然沒有根據，不過我們日本人確實不斷在追求咖啡中的甜味。

旦部先生認為這個「甜味」的真面目其實「不是口味的甜，而是來自風味（Flavor）」。

「咖啡中不太具有甜味成分，感覺甜恐怕不是來自口中嚐到的滋味，而是甜香的氣味，也就是類似香草精的作用，所以會感覺甜。甜香氣味的來源是帶來烤蘋果、蜂蜜香氣的突厥烯酮（Damascenone），或是淺度烘焙時產生的呋喃酮類（Furanone，焦糖或楓糖漿的香氣）。另外，採用深度烘焙也會產生香草精的香草醛（Vanillin）。裡頭存在這類甜香成分，因此我推測所謂的咖啡『甜味』，指的不是『口中嚐到的甜味』，而是風味中感覺到的『甜香味』。」（旦部）

由此推論可知「具有什麼樣的香味」，對於咖啡味道會有很大的影響。

香料界稱「風味（Flavor）」時，指的是味道上的呈現。因此若是有心濫用這個名詞的話，也可說咖啡得以使用甜香味的香精增加味道。

其實過去也有人在咖啡豆上撒砂糖烘焙。這樣做會讓烘焙機變得焦黑，但卻能夠產生難以言喻的甜香氣味。哥斯大黎加等地方過去也為了讓貧窮的當地人喝下不符合出口規格的淘汰咖啡，因此採用撒糖烘焙，也就是在烘焙時調味。有些地方是加入牛血烘焙。神戶則是將奶油放入鍋爐裡一起烘焙。

●日本人最愛「持久的香氣」

話說回來，香氣也因為「產生方式」不同而分為兩種：

①不易持久的香氣……屬於稱為前調（Top Notes）、中調（Middle Notes）的鼻尖香系列，多半是橘子、檸檬、堅果等香味。咖啡香氣的成分之中也含有許多這類香氣。

②持久的香氣……稱為後調（Base Notes），咖啡香氣中的葫蘆巴內酯（Sotolon）、呋喃酮（Furaneol）等呋喃酮類（Furanone）的香氣。類似煮焦砂糖的香氣。

這麼說來，藝妓種等咖啡豆一開始會出現檸檬、橘子的香氣，但是喝完後，會出現類似②的煮焦砂糖香氣。

旦部先生更進一步提到：

「採用深度烘焙的話，會增加許多產生氣泡的成分。因為這些成分很輕易並穩定地溶入液體中，因此從杯子直接嗅聞，不覺得香，但是一含在嘴裡，香味一下子就會在口腔中擴散開來。表示液體中鎖住了這麼多的香氣成分。」

因此，我推測這就是日本人喜歡深度烘焙咖啡的原因。日本人喜歡香氣突然在口腔裡擴散、「香氣濃郁」這一套。相反地，SCAA等歐美國家則重視從鼻子嗅到的香氣。

經常有人說：「美國人重視香氣」、「日本人重視味道」，或許因為歐美人是在香水文化中成長，因此對於鼻子聞到的香氣較為敏感。日本在過去也有「香道」（譯註）的傳統，不過現在已經完全荒廢了。

●香味成分也有盛衰

在前作《田口護的精品咖啡大全》中提到一個重點是「烘焙滲香氣／味覺表」及「烘焙變化表」的曲線圖，不過有人覺得不易理解。這是理所當然。

畢竟裡頭充滿醛、糠基硫醇等差點讓人咬到舌頭的名詞，難以理解是正常的。

但是，既然旦部先生苦心研究並讓我公開，捨棄不看實在太可惜，還請各位忍耐一下，只要花個十分鐘看看「烘焙溼香氣／味覺表」（參考158～159頁），就會發現當中存在的「香味成分盛衰」。

這項盛衰使得咖啡香味從淺度烘焙到深度烘焙產生戲劇性變化。這個烘焙程度的差異帶來的香味變化，遠比品種、產地差異帶來的影響更大。然後，應該也能夠察覺，這一點成了香味產生的最大主因。

正如下圖所示，將「烘焙變化表」的曲線圖截取一段出來，改成直線並調整時間軸之後，試著對照「烘焙風味表」，就會驚訝地發現時間與味道、香氣之間的變化，也能夠得知第二次爆裂期存在「味道分界線」，以及味道和香氣成分會集中於中深度烘焙區。

我們這些技術人員是孤獨的，再加上自以為是

圖表 22　烘焙變化表與成分

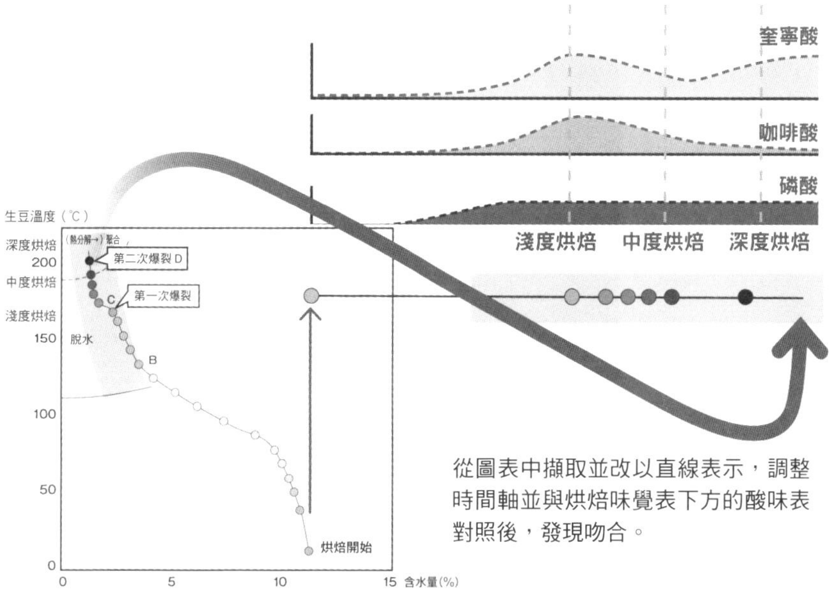

從圖表中擷取並改以直線表示，調整時間軸並與烘焙味覺表下方的酸味表對照後，發現吻合。

又獨裁的個性，因此往往對於自己創造的味道過度自信或缺乏自信。但是，只要有旦部先生創造的這個圖表，過去在腦海中不明確的內容也能夠視覺化，變得更加具體。另外，烘焙機中發生的狀況，也能夠化成影像，藉此在腦海中想像停止烘焙的最佳時間點。

其中最有利的就是可以找到正確學習的「路徑」。我相信各位已經明白這一點比任何有益資訊更有價值。

譯註：香道。日本的傳統藝術之一，與花道、茶道並稱為日本「雅道」。日本聞香習俗源於中國的焚香沐浴等。

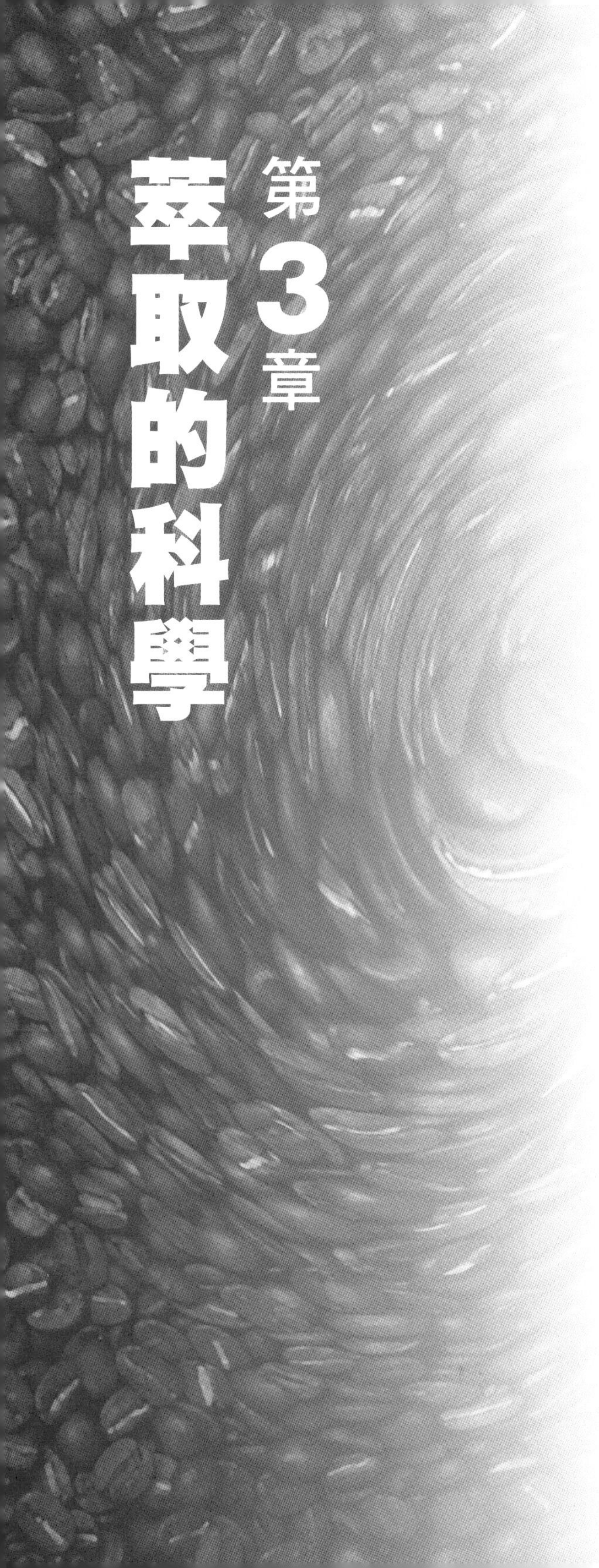

第3章 萃取的科學

本章將從科學的角度，探討萃取工具的不同，以及萃取溫度的差異，將會帶給味道與香氣什麼樣的影響。尤其是咖啡本質的「苦味」之中存在哪些類型？這些與烘焙程度又有什麼關係？另外，該怎麼做才能夠只萃取出「好苦味」？這裡也將徹底分析「醇厚的苦味」、「清澈鮮明的苦味」是什麼。看完本章，你就能夠理解諸多萃取理論的內容。

3-1 萃取的方法與味道、香氣的關係

●咖啡的世界不存在完美的萃取方式

旦部先生表示，二〇〇三年英國皇家化學學會（英國化學家組成的學會）發表了一篇「完美紅茶的沖泡法」報告。

「這篇報告從科學的角度提出紅茶沖泡的溫度、時間、水成分等條件，只要照著做，就能夠泡出好喝的紅茶。內容充分顯現英國人的堅持與追求科學的精神，以及玩心，因此也成為對紅茶愛好者有幫助的資訊。」（旦部）

或許許多人認為這類指南在日本俯拾即是，除了紅茶之外，還有日本茶、中國茶，當然也有咖啡的沖泡法說明，數量多到數不完。這類指南書的確充斥街頭巷尾，讓人無從選擇起，但我認為提到咖啡的話，咖啡的世界並不存在「完美萃取法」，這點毋庸置疑。旦部先生也贊成我的意見，說：

「煮出好喝咖啡比泡出好喝紅茶要困難許多，不能用『完美』形容。因為咖啡比紅茶夾雜更多帶來雜味的物質，也就是造成『味道不純』的物質，因此必須具備高度萃取技術，才能夠避免這些物質出現。」

這也就是為什麼咖啡世界不存在絕對完美的沖泡方法。我也完全同意旦部先生的看法。

紅茶擁護者聽到底下這番話或許會不高興。紅茶萃取的難度遠比咖啡更低。因為紅茶裡帶來雜味的成分原本就不多，基本上只需將重點擺在如何沖泡出「更濃」或「更淡」的好香氣成分即可。

然而咖啡卻不同。咖啡必須做到「適當萃取出美味的成分，同時避免萃取出難喝的成分」兩件事。這一點就遠比紅茶要困難許多。

●「萃取名師」過去的風光時代

這麼想來，過去，也就是大約四十年前，我開始接觸咖啡當時，重視萃取技術勝過烘焙技術。只要懂得完美的萃取技術，無論生豆品質多麼惡劣，無論烘焙技巧多麼糟糕，總會有辦法……不對，是一定有辦法煮出一杯好咖啡——當時業界充滿這類「萃取神話」。民眾相信這種神話，就像深信「念力主義」吹起神風一樣。現在想來只覺得不可思議，真好奇那個「萃取至上主義」的狂熱究竟來自何處。

專業雜誌中只討論萃取，出現在雜誌封面上的也總是那些萃取名師們。可惜我無法在此介紹那些理論，不過日本人將這些奇妙的萃取技術以「範本」形式呈現在大眾面前，展現了想出這些理論的努力。

然而到了現在，一般認為影響咖啡美味的是「生豆八成，烘焙兩成」。我不清楚這個比例的根據來自哪裡，可悲的是「萃取技術」與「萃取名師」已經被民眾拋到腦後，幾乎遺忘了。

精品咖啡問世時，「從種子到杯子」這句話簡直像標語一樣傳誦著，但這句話形容的情況並非只發生在精品咖啡上，任何等級的咖啡，最後終將進入杯子裡。但假如咖啡液本身品質惡劣，無論有多麼高深的理論相伴，也沒有任何意義。簡言之就是，直到杯子裡注入最優質的咖啡液之前，都不應該有片刻懈怠。

我沒有為烘焙、研磨、萃取這些過程的重要性排列優先順序，因為所有過程彼此息息相關，缺一不可，一旦偷工減料，一切努力終將白費。

●創造「好咖啡」的四大條件

舊作《咖啡大全》中也曾提到，想要煮出「好喝的咖啡」，必須符合幾項條件。在此之前，我希望各位再次回憶一下「好咖啡」與「壞咖啡」。打造「好咖啡」有以下四項條件：

①無瑕疵豆的優質生豆。
②剛烘焙好的咖啡。
③剛研磨好的咖啡。

④剛沖煮好的咖啡。

歸納以上四點，得到的就是：

「沒有瑕疵豆的優質生豆經過適當烘焙，趁著烘焙完還新鮮的時候研磨，然後正確萃取得到的咖啡」，這就是我所說的「好咖啡」。我刻意避免「好喝、難喝」的形容，畢竟「好喝」、「難喝」是個人喜好的問題，無法客觀討論判斷。

「好喝」的形容方式我只用於喝到「好咖啡」時。在此先聲明，對於未符合上述四項條件，只停留在個人喜好範疇的「好喝」，並不是我所謂的「好喝」。

咖啡的味道不穩定、經常出現變動，因為咖啡是農作物，會有作物品質好壞的問題，在精製階段也會產生誤差。另外，烘焙也並非總是固定，研磨、萃取也並非總是一樣。有人拿這些微妙差異當作藉口，回應客人的抱怨，說：「咖啡是農作物，所以味道不同也是正常的。」儘管這麼說沒錯，但如果你自認為是專業人士的話，我認為無論在任何條件下，都應該有能力打造出穩定的味道。身為專業人士必須有能力提供相同的味道，有辦法實踐「味道的重現」，而絕不是只做一次性的表演。

●熱水溫度愈高，苦味愈強

依照「從種子到杯子」的過程，以下是我們巴哈咖啡館的做法：

①生豆的香味特性。
②生豆手選（第一次）。
③烘焙。
④烘焙豆手選（第二次）。
⑤烘焙豆的保存管理。
⑥調配綜合咖啡豆。
⑦研磨。
⑧萃取。

①～⑧的順序代表什麼意思呢？我前面提過，從種子到杯子的所有過程彼此息息相關，缺一不可。

我們不是神，因此不可能毫無疏漏，一定會在某個地方失敗。例如：手選不用心，咖啡豆中混入了過多未成熟豆和發酵豆；弄錯預定停止烘焙的時間點而烘焙過度；弄錯研磨的刻度，而把咖啡粉磨得太細，卡在法蘭絨濾布的網眼上……諸如此類。

這裡有兩個小小的原則。

其一：前一個過程的缺失只能靠下一個過程補救。

比方說，原本應該在深城市烘焙停止，卻不小心烘焙到法式烘焙的程度。烘焙超時僅僅幾十秒鐘，味道的差異卻十分明顯，烘焙過深導致苦味變得強烈。有沒有辦法能夠補救呢？

此時的補救只有仰賴⑦和⑧這兩個階段了。舉例來說，在⑦的階段就是變成法式烘焙的咖啡豆研磨得略粗一些。因為咖啡研磨裡有個法則：

「研磨度愈細，味道愈濃厚、苦味愈強；研磨度愈粗，味道愈清爽，苦味愈少。」

法式烘焙豆採用細度研磨的話，苦味會變得更強烈。

接著在⑧的階段裡，熱水的溫度調低一些，增加一些萃取量。這樣做是遵守：

「熱水溫度愈高，苦味愈強（＝酸味減弱）；熱水溫度愈低，苦味愈弱（＝酸味增強）」

「萃取量愈多，苦味愈弱（＝酸味增強）；萃取量愈少，苦味愈強（＝酸味減弱）」

以上兩種方法歸納得到的結論如下：「法式烘焙咖啡豆採用較粗的研磨度，用略低溫度的熱水，萃取出較多量的咖啡液。」結果應該能夠得到接近深城市烘焙的香味，達成原本的目標，不過這只是緊急處置的做法，無法百分之百煮出目標味道。因此——

其二：只靠下一個過程的補救，無法抵銷前一個過程的錯誤。

這個原則主要是想表達，一旦哪個過程出「紕漏」，愈往下一個階段進行，愈無法補救。只是烘焙一人份的生豆還無所謂，但要是一次烘焙了十公斤為單位的生豆，就必須不斷持續進行⑦或⑧的補救工作，直到用完那些咖啡豆為止。若要說這種情況告訴我們什麼教訓的話，就是每個步驟都不得輕忽，否則事後將會遇上大麻煩。

圖表 23　咖啡的味道與萃取條件

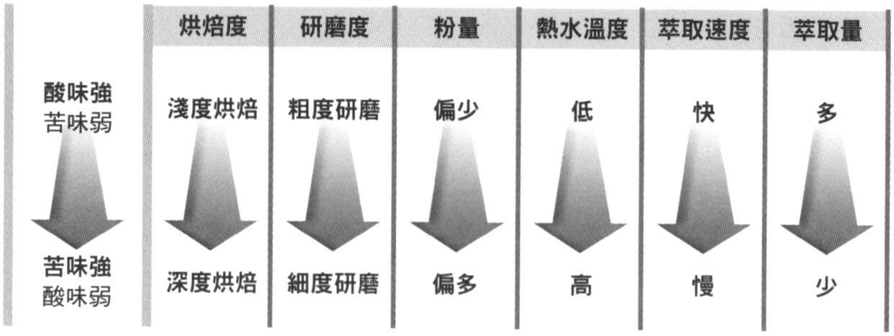

	烘焙度	研磨度	粉量	熱水溫度	萃取速度	萃取量
酸味強 苦味弱 ↓ 苦味強 酸味弱	淺度烘焙 ↓ 深度烘焙	粗度研磨 ↓ 細度研磨	偏少 ↓ 偏多	低 ↓ 高	快 ↓ 慢	多 ↓ 少

●剛烘焙好的咖啡不好喝

我們先將話題回到前面，在「萃取」步驟之前，還有一個「研磨」階段。前面已經提過所有重點，不過這裡再來複習一遍，我希望各位將注意力擺在前面提過「好咖啡」四大條件的②～④。

日文的「吃三立」在棒球用語的意思是三連敗，而用在蕎麥麵，則是「磨粉、敲打、水煮」的意思，這是讓蕎麥麵更美味的條件。在米的世界裡也說最好在煮飯之前才精米，因為無論是蕎麥也好，白米也好，在磨成粉或脫殼去米糠的瞬間，已經開始氧化、喪失風味了。

咖啡也一樣。咖啡好喝的祕訣就是「現烘、現磨、現煮」。不過，正確的情況是，上一秒才由鍋爐裡取出的「現烘」咖啡豆並不好喝。不管是手網烘焙或其他烘焙方式，如果曾經親自動手烘焙的話，應該已經知道這一點了。剛烘焙完成的咖啡豆「現磨、現煮」之後，不曉得為什麼喝起來沒有滋味。這是因為沒能夠成功引出味道。這種咖啡的香氣的確迷人，感覺很有一喝的價值，但味道卻差強人意。我經常形容這種情況是「咖啡豆爆炸了」。事實上剛烘焙好的咖啡豆如果採用滴濾方式萃取的話，咖啡粉會炸開，粉的表面會裂開或像火山口一樣噴出氣體，無法形成漂亮的過濾層。

曾經自己動手烘焙的旦部先生也有同樣感想，並且這樣說：

「最貼切的形容方式大概就是『缺乏穩定感』吧。咖啡味道略顯單薄，原因是二氧化碳氣體。剛烘焙好的咖啡豆會產生許多二氧化碳氣體，所以味道容易偏酸。另外，氣體含量不穩定也導致難以預測味道。根據我的經驗來看，要等到烘焙後二～三天，咖啡的新鮮與穩定性才能夠達到平衡。」

●研磨烘焙豆的重點

咖啡一旦經過烘焙，香氣成分就會流失，成分也會因為氧化而逐漸劣化。磨成粉之後，整體的表面積增加了數十倍之多，與空氣接觸的面積也大幅增加，因此劣化的速度相較於仍是咖啡豆時更快。所以一般才會說，咖啡豆最好等到要煮之前才研磨。

等到二氧化碳氣體產生的情況緩和後，假設烘焙豆處於穩定狀態，接下來的問題就是要選用何種磨豆機，以及如何研磨了。某位咖啡名師曾經說過，只要咖啡豆烘焙正確，就算用鎚子敲碎或用研磨缽磨碎，不管呈現什麼形狀，都能夠煮出好喝的咖啡。這句話只對了一半。優質生豆經過正確烘焙後，無論研磨成何種形式、採用何種工具萃取，大致上都會好喝。

但是，本書不是休閒嗜好書，而是專家也能參考的實用書。因此，以鎚子敲打咖啡豆使用多少力量、花費多少時間、敲打到何種顆粒大小、使用哪種材質的鎚子敲打等，這些細節都必須經過實驗才能夠得到答案。既然如此，效果已經清楚標示的磨豆機當然比鎚子或研磨缽更實用。

底下的內容已經在前作中提過，這裡再次歸納使用磨豆機研磨烘焙豆時的重點：

①研磨度（顆粒大小）要平均。
②不能產生熱度。

③不能產生細粉。

④選擇適合萃取法的研磨度。

這裡的研磨度也出現了「平均」一詞，不管是烘焙也好、研磨也好、萃取也好，都必須要均勻。烘焙、研磨、萃取不均會造成味道的「不均勻」。無論在哪個階段，我都謹記追求均勻，將不均的情況抑制在最少。這是為了在最後得到一杯沒有雜質、品質統一且味道均衡的咖啡。

②的熱度如果產生，過多的熱會導致咖啡成分急速氧化，造成味道劣化。蕎麥等也經常在研磨時遇上摩擦生熱的問題。蕎麥、小麥與咖啡豆的不同，在於咖啡豆經過烘焙後變成「堅硬脆弱」的狀態，因此咖啡豆更容易破裂，應該用最少量的摩擦熱研磨。話雖如此，使用業務用磨豆機連續研磨時，就會產生問題。必須使用不易產生摩擦熱的工具，這一點在研磨蕎麥和咖啡時都一樣。

③的細粉問題比摩擦熱更麻煩。一旦混入過多細粉，就會過度萃取，溶出不討喜的澀味等雜味。想要避免產生細粉，最重要的是選擇不易產生細粉的磨豆機。另外，使用濾茶器連同銀皮一起篩除，也是一個方法。還有一點很重要的就是必須仔細清潔磨豆機，用刷子清除細粉。

至於④的「選擇適合萃取法的研磨度」，這是理所當然的事情。配合濃縮咖啡機而將深度烘焙豆研磨成極細的咖啡粉之後，想改用應該搭配中度研磨咖啡粉的濾紙滴濾法萃取咖啡的話，咖啡粉恐怕會塞住濾紙濾孔，而發生「滯留」現象，造成熱水遲遲無法流出，結果使得萃取時間過長而過度萃取。

各類萃取工具均有適合的咖啡粉研磨方式。可先記住圖表24（125頁）中的咖啡粉研磨度與萃取法的「適性」。

●何謂「醇厚的苦味」

大致上理解研磨法之後，接著我想具體談談萃取法。不過在此之前，希望各位先想想「醇厚的苦味」與「清澈鮮明的苦味」。

前面已經提過，「苦味」和「酸味」是人類與動物用來保護自己遠離自然界毒物與腐敗物的警訊徵兆。因此，「苦味」或「酸味」均屬於「不討喜的味道」，幼童會本能性的避開。

但是，人類長大後，卻開始覺得原本避諱的味道「好喝」，進而產生想要更苦、更酸食物的欲望。雖說味覺喜好的確可透過經驗學習，靠後天的力量改變，不過也讓我再次體認到人類真是不可思議的生物。

前面已經提過「醇厚」是來自於「複雜」。醇厚接近「鮮甜味」，類似一種美味的感覺，因此有「這個高湯十分醇厚」的說法。

在烘焙那一章裡也曾經稍微談過「醇厚」。在即將進入淺度烘焙的階段時，「咖啡應有的苦味（綠原酸內酯類）」逐漸增加，過了中度烘焙的階段正好達到高峰，然後「義式濃縮咖啡的苦味（乙烯兒茶酚寡聚物）」緊接著增加。也就是說，「咖啡應有的苦味↓義式濃縮咖啡的苦味」這兩種類型的苦味是由中度烘焙到深度烘焙逐步轉變。

這個苦味是咖啡整體苦味的核心，以此為基底，上頭再加上其他各種類型的苦味成分後，才形成整體的苦味。尤其是採用「中度烘焙～深度烘焙」的話，就會產生各式各樣的苦味成分，這些苦味成分被置於這個基底之上，讓苦味變得更多層次、更複雜。這個「複雜」賦予咖啡深度，產生

圖表 24　配合萃取工具的咖啡粉研磨方式

細度研磨	微粉末	直立式濃縮咖啡機、土耳其咖啡壺
	極細研磨	濃縮咖啡機
	極細～中度研磨	愛樂壓（AeroPress）
中度研磨		濾紙滴濾法、法蘭絨滴濾法、塞風壺
粗度研磨	粗度研磨	冰滴咖啡壺、摩卡壺
	粗度研磨	法式濾壓壺

「醇厚」。

巴哈咖啡館經典的「巴哈綜合咖啡」之所以採用中深度烘焙，就是因為這個「複雜又醇厚的苦味」，對我來說十分值得期待，而且我深信客人也有同樣感覺。

「與其要形容『醇厚』與五大基本味道（甜味、鹹味、酸味、苦味、鮮甜味）當中的那一項有關，不如說是與各種味道的『濃郁』或『濃度』皆有所關聯。英文經常提到『Body』，而『Rich body』就是『醇厚』的意思。」（旦部）

●必須動員大腦中樞才會產生醇厚的感覺

旦部先生舉出了幾項「醇厚」產生的主因，以下列出其中最具代表性的三項：

①味道的複雜性。
②味道的持久性。
③細微的質感（口感、舌頭的觸感）。

①是因為隱約存在的苦味與澀味等「雜味」，與甜味、鮮味混合在一起，使味道變得複雜且有深

圖表 25　容易在萃取時溶出的成分

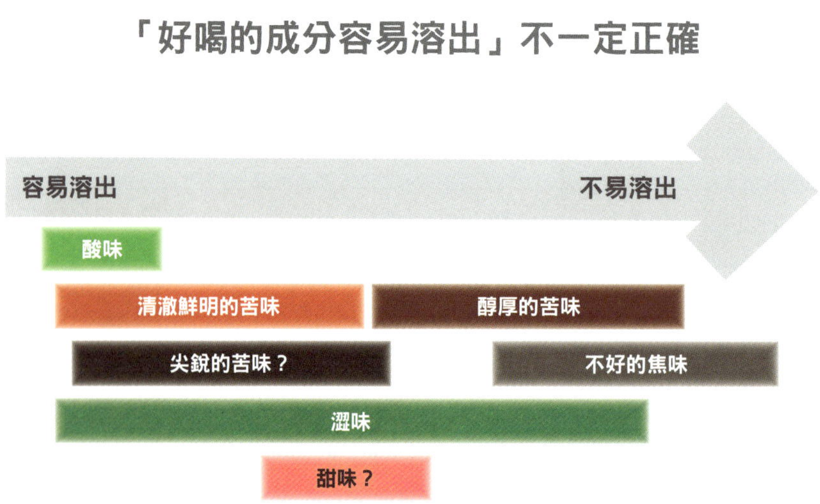

度，結果就感覺到「醇厚」。舉例來說，各位應該聽過咖哩加上巧克力、橘子果醬、優格或堅果醬等提味吧？這也是為了讓人從複雜味道中感覺到醇厚的例子。

②是來自於「後味停留的時間愈長，愈能夠感覺到醇厚」的法則。咖啡的苦味之中也存在著「容易滯留於口中」的苦味。這類型的苦味被視為是醇厚的來源之一。

③是咖啡中含有的膠體（Colloid）等微小粒子（蛋白質或脂質等的小粒子）給予舌頭的黏稠觸感，一般認為也與咖啡的醇厚有關。

「提到『清澈鮮明的苦味』時，很容易舉出幾個影響成分，比方說咖啡因就是其中之一。但若提到『醇厚的苦味』，很難斷定是來自於哪些成分。雖然『醇厚的苦味』存在某個根本元素，不過整體味道還是來自於各式各樣成分交疊在這個根本元素上才產生的。」

旦部先生這麼說完，偏著脖子沉默了一會兒。

接著繼續這樣說：

「最先感覺到的味道是『前味』，後面感覺到的味道是『後味』。一般來說，只要前後味道一致的話，通常能夠預先猜測會出現哪種味道；但是前後味道如果不同的話，就會讓人產生困惑。成分數量愈多，嘴裡的味道也會逐漸改變，導致前味與後味的感覺不同。或許人類就是因為這樣而覺得味道有深度，認為這個咖啡『醇厚』。也就是說，『醇厚』這種感受並非純粹是成分複雜所導致，我們腦中對於複雜的成分有什麼樣的認知，這種高度感受，或許也囊括在判斷範圍內。」（旦部）

●何謂「清澈鮮明的苦味」

接著要談到「清澈鮮明的苦味」。日本的啤酒電視廣告有句廣告詞這樣說：「醇厚卻清澈鮮明」。清澈鮮明與醇厚原本並非互為反義詞，不過這句廣告詞可想成是為了訴求某種「驚喜」的感覺。

「相較於醇厚是持久的味道，清澈鮮明則是一開始感覺到的強烈味道在短時間之內完全消失，剩下暢快感覺的味道。既然如此，兩者是否不可能同時存在？也不是這樣。因為即使兩者是相對立的味道，也不見得是相反的味道。」（日部）

這麼說來，只要味道馬上消失的話，就會產生「清澈鮮明」嗎？假如吃完甜食後那個甜味很快就消失，我們也不會形容那是「清澈鮮明的甜味」，也不會說「清澈鮮明的鹹味」。「清澈鮮明」這種形容方式只用於啤酒、日本酒、咖啡等具有苦味和辣味的東西上。也就是只用於大人的味道。

旦部先生這麼說：

「一般認為這反而與壓力有關。咖啡天生就帶有苦味，不是兒童喜歡的味道。長大後才逐漸喜歡苦味的食物。儘管如此『苦味』跟壓力沒兩樣，所以從口中消失的瞬間，就會產生某種精神淨化，感覺自己從壓力狀態解除，或許就是這種暢快帶來了『清澈鮮明』的感覺。」

隨著烘焙的進行，苦味成分的種類逐漸增加，製造出「醇厚」的源頭，這個源頭就是綠原酸內酯類與乙烯兒茶酚寡聚物。繼續烘焙的話，醇厚的苦味就會變成毫無特色的單調苦味。「醇厚卻清澈鮮明」的苦味變成了「深度烘焙」的苦味。

從複雜轉變成單調時，存在著一段極為狹小的過渡期，就是苦味變質的轉捩點，我稱之為「味道的分界線」。

●酸味隱藏在苦味背後

到此為止我們已經詳細談了許多「苦味」，接著也稍微談「酸味」吧。一般人認為咖啡是以苦味為賣點的飲品，對於咖啡酸味所知不多，甚至多半以為那是咖啡劣化才會變酸，很少有人認為那是好味道。

但是，優質咖啡當然伴隨著適度的酸味，與苦味之間達成平衡，甚至可說決定了整體的味道。酸味對於咖啡而言是打造「好味道」的重要要素。

曾經親手烘焙過的話就會更明白，咖啡的酸味從淺度烘焙到中度烘焙階段最強烈，繼續進入深度烘焙階段的話就會消失。看了131頁的圖表27「不同烘焙度咖啡豆的萃取與味道關係圖」就能知道，淺度烘焙或中度烘焙咖啡具有相對較清爽的酸味，苦味較不明顯。

旦部先生這樣說：

「普遍說來，咖啡的酸味屬於較弱的味道。一般咖啡經過烘焙、萃取，不會有『太酸』的情況產生。唯有將萃取完的咖啡液放著保溫，或是烘焙豆經過長期保存等時候，才會出現比平常更多的酸。煮好的咖啡放久了會變酸是因為萃取液裡的奎寧酸內酯變成了奎寧酸，增加了酸度。」

烘焙好的咖啡豆保存超過二個月的話，就會因為空氣中的氧氣而氧化產生酸。油脂尤其容易氧化。我們稱這類放久的咖啡豆為「酸敗咖啡」。

咖啡豆原本就會緩慢酸敗。旦部先生認為，一般人所指的酸敗味應是「香氣成分產生化學變化」所導致。

●咖啡的雜質集中在泡沫中

既然提到了酸味，也順便稍微談談「澀味」和「脂質」吧。拿葡萄酒來說，等級愈高的葡萄酒，愈有高雅的澀味。但是咖啡的話，澀味大多會被認為是「不好」的味道。

「英語裡找不到能夠完全對應『澀味』這種味道的形容，最接近的就是苦澀味（Harsh）和收斂味（Astingency）。或許因為日本人自古以來就有喝『茶』的習慣，因此對澀味的感覺比較敏銳。」（旦部）

日本人的確熟悉柿子澀味和茶的單寧味。根據旦部先生的說法，澀味與苦味並存時會以倍數增強。苦味在咖啡整體風味上所佔的地位遠大於日本茶，而咖啡澀味裡具有的收斂性，與其說是清爽，更傾向於不順口。

咖啡的澀味被視為雜味，甚至可說是雜質的代表，因此如何不產生澀味即成了萃取時的重點。

話說回來，「雜質」是什麼？所謂「深度烘焙法蘭絨滴濾派」認為雜質就是傷害咖啡味道的元兇，並且專心致志於徹底消除雜質。日本重視「味道」更勝過「香氣」，這種傾向使得「雜質」成為眾人重視的問題。

圖表 26　滴濾法萃取的味道成分模型

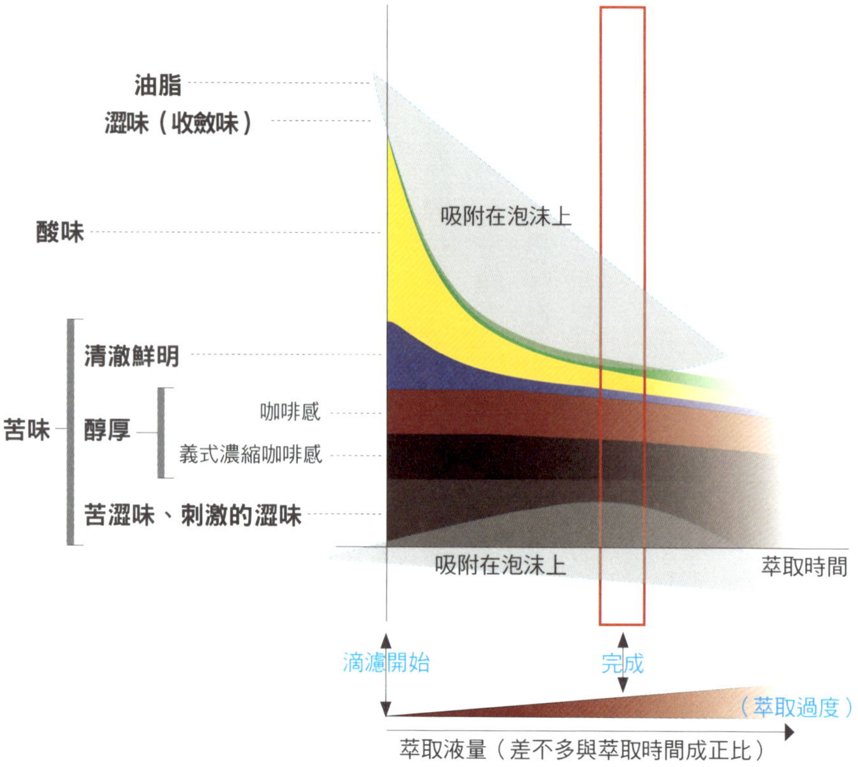

・濾過式（滴濾萃取法等）是少量熱水通過粉層時接觸到咖啡粉，藉此溶出能夠溶解的成分。（→濾過式的原理）

・滴濾杯流出的萃取液，原則上在滴濾開始時濃度最高。

・容易溶出的成分（酸味、清澈鮮明的苦味等）在剛開始的階段就會「溶出殆盡」，接下來就在咖啡壺裡逐漸變淡。
・不易溶出的成分（苦澀味、油脂等）會以相對穩定的濃度持續溶出直到最後。
・介於兩者中間的成分在萃取途中逐漸溶出完畢，接下來就在咖啡壺裡逐漸變淡。那些就是「咖啡感的苦味（淺度～中深度烘焙）」、「義式濃縮咖啡感的苦味（中深度～深度烘焙）」等味道的核心成分。

・萃取目標量達成時（＝完成），各成分的濃度與平衡決定了咖啡的味道。

・在多數滴濾法中，部分不易溶出的成分與澀味會因為吸附在泡沫上去除，減少苦澀味和澀味等雜味。但部分醇厚和油脂含量也會跟著減少。

圖表 27　不同烘焙度咖啡豆的萃取與味道關係圖

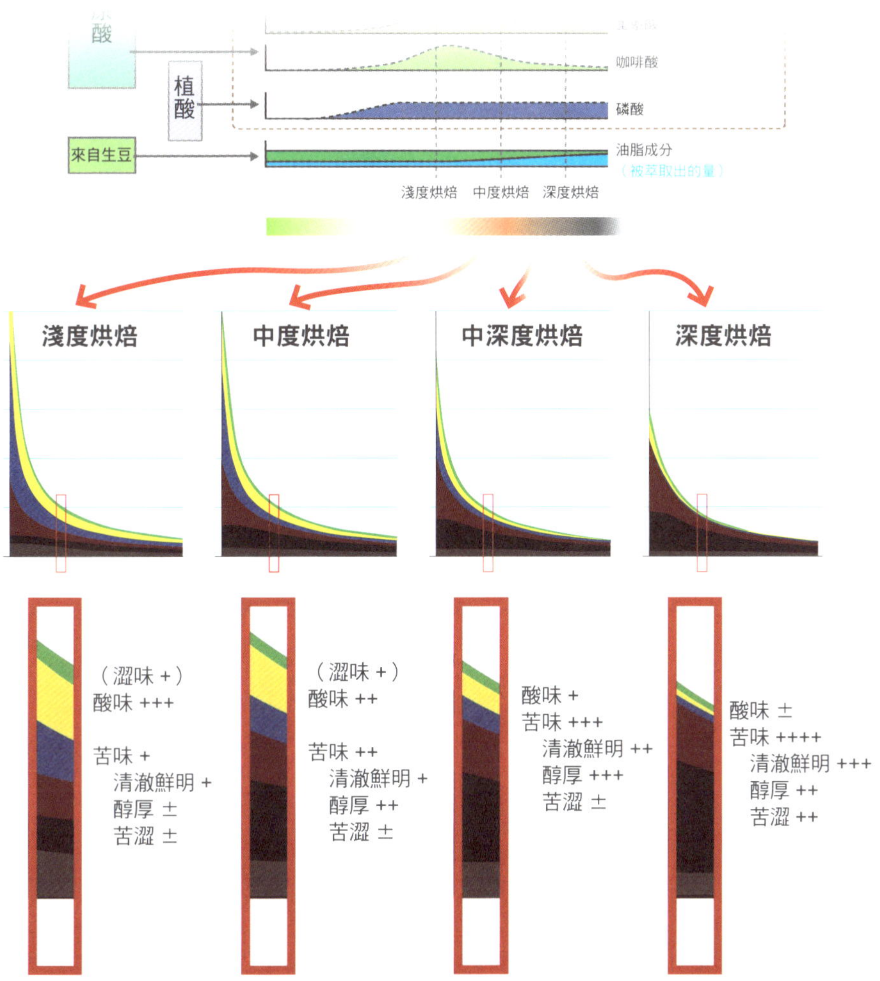

淺度烘焙
- 清爽的酸味
- 苦味清爽且不明顯
- 形成泡沫的成分變少，油脂變成液體表面的油，逐漸分離

中度烘焙
- 豐富的酸味和咖啡應有的順口苦味相互調和

中深度烘焙
- 複雜的苦味產生豐富的醇厚，與隱約的酸味相互調和

深度烘焙
- 義式濃縮咖啡般清楚強烈的苦味
- 酸味相當微弱
- 形成泡沫的成分含量多，油脂乳化，容易溶入

※ 咖啡粉的用量與研磨方式統一時的簡單模擬結果。

「雜質是什麼樣的味道呢？想要知道的話，可以舔舔看泡沫。之前已經提過，咖啡的雜質容易集中在泡沫上，實際試舔就會發現泡沫又苦又澀。不是優質綠茶的清爽澀味，而是稱為苦澀味的不舒服澀味。這個澀味被認為是雜質，因此眾人都想要盡可能消除。」（旦部）

那麼，該怎麼做才能夠減少澀味呢？旦部先生表示，只要利用澀味成分會附著在泡沫上的性質即可。

「濃縮咖啡機派的人常說『泡沫（Crema）』是美味的來源，但實際舔過這個泡沫之後就會發現帶有澀味。一般人只當那是裹著空氣的氣泡，口感就像鮮奶油一樣輕盈，與咖啡一起喝下去也不會留意。另外，泡沫裡除了澀味成分之外，還有油脂等聚集，溶入其中的香氣會增強風味感受。因此濃縮咖啡機與泡沫是無法分割的夥伴。」（旦部）

實際分析濃縮咖啡機泡沫成分的研究中提到，泡沫裡除了多醣類等高分子之外，還有稱為澀味成分的咖啡酸、阿魏酸（Ferulic acid）、綠原酸類等，而且濃度很高。

這麼說來，咖啡界從前就常說：「滴濾萃取時，別讓咖啡泡沫滴進萃取液中。」大家早就根據經驗知道「泡沫＝雜質」了。

「煮土耳其咖啡時會要求土耳其咖啡壺裡必須煮出泡沫，而且不可以讓泡沫消失，想必就是為了利用泡沫收集雜質，避免雜質跑進咖啡液裡。從『沒有泡沫的咖啡就像沒有臉的人』這句當地俗諺也能夠窺見泡沫的重要性。不過去除泡沫也有缺點，過了頭，咖啡反而會少一味。」

旦部先生這麼說。他表示還有其他方法能夠減少澀味，加入鮮奶油或乳製品等也是其中一招。

「點咖啡時，通常會附上鮮奶油或牛奶，對吧？這些乳製品含有大量的酪蛋白（Casein）等乳蛋白，與咖啡的澀味成分結合後，就能夠抵銷澀味。」（旦部）

●油脂會讓香味停留在舌頭上

接著談談「脂質」。前面提到過去曾有烘焙業者的業務被客戶罵道：「拿沒出油的新鮮咖啡豆給我！」烘焙完畢的烘焙豆表面上冒出來的油亮物質是「脂質」。烘焙程度愈深的咖啡豆愈油亮，這個脂質也會溶入萃取出來的咖啡液裡。

「萃取量較多時，液體表面甚至可以看見油脂。脂質原本就不易溶於水，因此從整個脂質的量來看的話，進入咖啡萃取液裡的油脂只是微量。但是脂質的角色很重要，它的作用是讓咖啡的味道和香氣成分停留在舌頭表面。」（旦部）

各位都知道，深度烘焙豆保存一陣子之後，表面上會滲出油脂而變得油亮。這種現象幾乎不會在淺度烘焙豆或中度烘焙豆上出現。意思是烘焙度愈深，脂質的含量也會跟著增加嗎？

不對。按照旦部先生的說法，烘焙不會造成咖啡豆裡的脂質含量增加。

「法式濾壓壺萃取的咖啡多半使用淺度烘焙到中度烘焙的精品咖啡，但是也能夠看見咖啡液表面浮著油脂。且它的油脂含量似乎比深度烘焙咖啡更多，會不會是錯覺呢？」

這個問題我已經擺在心中很久，於是我向旦部先生請教。他簡單明瞭地告訴我：

「咖啡液裡的油脂含量都一樣，甚至可以說深度烘焙的咖啡液油脂含量反而比較多。這只是因為深度烘焙豆含有的界面活性作用成分（乙烯兒茶酚聚合物或寡聚物等）比較多的關係，所以使得油脂分散在萃取液裡，相對來說浮在表面上的油脂量也就顯得較少。」

順帶補充一點，何謂「界面活性作用」？這裡舉水和油為例就不難明白了。將水和油放入同一個容器中攪拌，兩者絕對不會混合在一起，但是只要加入幾滴清潔劑混合，奇妙的事情發生了，水和油就會混合成乳狀，原本水火不容的兩物質得以和睦共處。此時的界面活性劑就是清潔劑，而以深度烘焙咖啡來說，負責這個角色的物質就是乙烯兒茶酚聚合物或寡聚物。

界面活性作用不僅混合了水和油，事實上製造泡沫也是界面活性作用的結果。水與清潔劑裝進瓶子裡、蓋上蓋子後劇烈晃動就會起泡，原本沒有混合的水與空氣在這個時候以泡沫的形式和平共處。

「咖啡泡沫因為充滿了界面活性成分而穩定存在，同時也收集了雜質、細粉、醇厚相關的苦味成分及油脂。」（旦部）

也就是說，如果因為「泡沫＝雜質」就神經質地想要徹底消除泡沫的話，也會一併減少油脂和醇厚。這種時候該如何拿捏，就看個人技巧了。

●令人想要再來一杯的咖啡

萃取這個步驟乍看之下「只是倒進熱水」，似乎很單純，但其中引起的現象其實相當複雜，結合了各式各樣的物理、化學現象。

咖啡裡頭含有超過一百種成分。這些成分有哪些被萃取出來，當中濃度的平衡決定了咖啡的味道。

另外，不只是溫度和時間，萃取工具的特性與注入熱水的方式等也會造成影響，而且會造成成分差異。旦部先生表示，咖啡的學問太複雜，幾乎無法從科學的角度解釋其全貌。

「咖啡豆的成分含量濃度取決於烘焙的過程，這部分不會受到萃取的改變。也就是說，萃取這個步驟的用意是能夠『引出多少』烘焙生豆製造出的成分。仔細想想，想要煮出一杯美味的咖啡，最快的方法就是使用好味道和香氣的成分多、雜味成分少的優質生豆。」（旦部）

下一節將談談「萃取工具」是否造成味道與香氣的差異。最近或許是受到美國「第三波」的影響，坊間出現各式各樣的萃取工具。愛樂壓等獨特的工具也相當受歡迎，咖啡消費市場一片熱絡。

無論周遭環境如何改變，我的信念仍然不變。這個信念沒有什麼特別之處，基本上就是打造一杯「可以喝的咖啡」。喝完一杯，還想再來一杯——我想要提供這樣的咖啡。

3—2 各種萃取工具所造成的味道、香氣差異

●非比尋常的求知心

日本人講究烘焙也講究萃取。無論對於什麼事情都會深入研究。被稱為咖啡名師的人也各個講究，幾乎沒有例外，他們無法滿足於現有的咖啡工具和機器，找廠商訂製自己設計的咖啡壺或是製造高速磨豆機，甚至還有人開發烘焙機。

單看咖啡的「萃取」這個步驟，也可謂百花齊放、百家爭鳴，每個人都堅持自己的主張。日本過去也曾經出現「法蘭絨vs濾紙」的爭論，法蘭絨派與濾紙派針對「哪一種比較好？」持續著軟性對立。

另外，雜誌的企劃特輯也拜訪了各家滴濾派名店，用熱成像儀比較滴濾杯內的溫度變化，相當「鑽牛角尖」。不，不只是滴濾派，塞風壺派也佔有一席之地，有一家店用竹杓攪拌咖啡粉，卻反而弄出不必要的澀味，因此花了好幾世代的時間，開發出獨門的「蜻蜓攪拌器」，盡力引出清澄的味道。談到他們這種「積極」到可怕的態度，令我不禁覺得感動。

萃取工具的比較分析事後再詳談，首先，我想對日本人非比尋常的求知心表達敬意，他們在這個狹窄島國孕育出獨特的咖啡文化。日本以自己的方式進化，這種情況經常有人揶揄是「科隆現象」（譯註），然而這種現象在外國人眼裡看來反而覺得「酷」。「科隆現象」也是無論如何都不該捨棄的東西。

●科隆現象的日本咖啡文化「很酷」

日本對於法蘭絨好還是濾紙好、熱水溫度是八十二℃好或是八十三℃好等，爭論不休，但是歐美

對於「萃取（Brew）」這個領域卻沒有太詳細的分類分析，也絲毫不在意。

「日本採用稱為『滴濾』的方法，重視熱水注入的方式，像打點滴一樣分批少量注水、慢慢萃取咖啡液，歐美則是將熱水一口氣加入就結束。而且他們對於『滴濾』這個詞的印象也不怎麼好，認為那個字眼就像在形容肉塊滲出肉汁，因此他們稱『Pour Over（手沖）』。其背後也可看出這些觀念對於日本咖啡店的影響。」（旦部）

日本將「手沖」稱為「Hand Drip」，這是日本人自己發明的英文，外國人聽到可能只會想到恐怖電影，以為是手掉下來之類的。於是日本開始改用「Pour Over」或「Hand Pour」這些用詞。最近民眾在私底下重視美國興起的「第三波」，認為美式手沖法帶來全新動力，殊不知手沖法的起源其實是日本。

日本在七〇年代到八〇年代興起「咖啡專賣店」的風潮。各式各樣的萃取工具、萃取方式就像星火燎原一樣普及。在那個時代，咖啡店彼此也持

圖表 28　滴濾的說明

熱水
日本稱注入熱水泡咖啡這個階段為「滴濾」。
在國外，尤其是美國，稱「咖啡液落下來」這個階段為「滴濾」。

續著激烈的爭論。

在那個年代，別說網路了，就連出國視察都很困難，因此資訊都是透過國際貿易公司或是部分通曉海外情況的人傳回國內，而且內容不多。某位咖啡名師曾經表示自己是一邊翻著字典，一邊閱讀那本浩瀚的《All About Coffee》，由此可見眾人的好學之心。

由此可知，日本正逐漸孕育出不同於世界其他地方的獨特咖啡文化。例如：獨特的單杯手沖方式、喝黑咖啡的習慣、除了綜合咖啡之外也品嚐三十多種單品咖啡的文化、熱愛炭燒咖啡和老豆咖啡的文化……等等。

一般人稱之為「科隆現象」，不過這個東方的科隆群島現在正以自己的「酷」流行影響海外其他國家。

「咖啡萃取也是其中之一。使用塞風壺、圓錐濾杯萃取，成為引發美國『第三波』的行動之一。過去美國波士頓大學梅莉・懷特（Merry White）教授曾經在《Coffee Life in Japan》一書中介紹法蘭絨滴濾法、塞風壺、冰滴咖啡（Dutch Coffee，也稱荷蘭咖啡）等。結果沒多久就有店家販賣冰滴咖啡。有趣的是，該店家使用的名稱不是Dutch Coffee（荷蘭咖啡），而是Kyoto Coffee（京都咖啡）。」（旦部）

為什麼稱為「京都咖啡」呢？據說與京都的咖啡老店「花房（Hanafusa）」有關。旦部先生為我們解開謎團：

「在日本，我們稱冰滴咖啡為荷蘭咖啡，亦即從荷蘭誕生的咖啡。事實上這種咖啡是起源於荷蘭的殖民地印尼。這是當地農民在工作空檔所喝的咖啡。追溯記載這些內容的文獻可知，是京都花房咖啡館的老闆發明了冰滴咖啡壺，因為取名時覺得荷蘭比印尼時髦，於是稱之為Dutch Coffee，事實上跟荷蘭一點關係也沒有。」

●「浸泡式」和「濾過式」

離題這麼久，終於要進入正題，談談萃取工具了。一如各位所知，咖啡的萃取方式分成諸多種類型：滴濾杯、塞風壺、濃縮咖啡機、濾壓壺、土耳其咖啡壺等。

但是，由萃取原理來看的話，大致上可以分成兩種，一種是讓咖啡粉和熱水（冷水）先混合一遍的類型。另一種是利用咖啡粉製造粉層，再讓熱水（冷水）通過的類型。

前者稱為「浸泡式萃取」，如：塞風壺、濾壓壺、土耳其咖啡壺等。後者稱為「濾過式萃取」，包括滴濾杯、濃縮咖啡機等。紅茶和煎茶等的萃取則屬於典型的浸泡式。

這裡有一點必須留意，許多萃取工具是合併「浸泡式」與「濾過式」兩種原理，無法清楚劃分「這個是浸泡式」、「這個是濾過式」。旦部先生針對這一點表示：

「正確說來，一種萃取方式裡可能同時存在著浸泡與濾過的部分，差別只是在於程度多寡。」

他清楚指出以往的分類方式有誤。

也就是說，一如烘焙中的「傳導」、「對流」、「輻射」關係，相關程度雖然不同，不過卻會互相影響，不能單獨定義「直火式烘焙機就是靠輻射加熱」。

「無論是被視為滴濾萃取法起源的法國人德貝羅瓦（De Belloyu）的咖啡壺，或是美利塔夫人的 Melitta 單孔滴濾杯，早期的滴濾方式都是讓熱水停留在滴濾杯中，因此事實上多屬浸泡式萃取。濾過程度較高的工具是濃縮咖啡機、日式滴濾杯、冰滴咖啡壺。而這些工具能夠在『深度烘焙文化圈』裡受到歡迎，令人深感好奇。另外，塞風壺整體來說是浸泡的比例較高，不過最後過濾時，也加入了部分濾過的原理。相反地，濾壓壺、土耳其咖啡壺等就可稱為純粹的浸泡式萃取。」（旦部）

因此，希望各位能夠將這些記在腦海中，才有助於了解書中的圖表和後面的說明。

事實上，將濾過式與浸泡式兩者相比，濾過式萃取法如旦部先生所述「在萃取前期的成分濃縮效果非常高」，且不僅萃取效率高，愈容易溶出的成分（咖啡的好味道），其濃縮效果愈顯著。

●咖啡泡沫肩負重責大任

前面提過，熱水裡會有「容易溶出的成分」，既然如此應該也存在「不易溶出的成分」，或可稱之為「雜味」。旦部先生說：

「以濾過式萃取法得到自己追求的好味道濃縮液之後，可暫停萃取，接著再依照個人喜好的濃度以熱水稀釋，這也是一種方式。」

萃取到了後期，會產生雜味較多的咖啡液，因此不再繼續萃取咖啡液。採用滴濾杯的萃取方式，到了後半段就會跑出「不易溶出的成分」，也就是雜味，因此這種時候必須捨棄「連最後一滴咖啡液也不放過」的節省精神，在雜味出現之前就停止萃取。

接下來將綠原酸相關成分按照「容易溶出於熱水」的順序排列如下：

①綠原酸（酸味與澀味）。
②綠原酸內酯（中度烘焙型的苦味）。
③乙烯兒茶酚寡聚物（深度烘焙型的苦味）。
④乙烯兒茶酚聚合物（不好的焦味）。

①和②相對較容易溶出，一旦變得像③、④一樣「漸漸變油」（旦部），就不易溶出於熱水裡。但是，①和②在熱水溫度下降時會變得不易溶出。「冰滴咖啡等反而較容易溶出③和④的刺激苦味」（旦部），而法蘭絨滴濾法則適合用於萃取咖啡精華，因此「不易溶出的成分」不一定是「壞東西」，有時也有派上用場的時候。

過去我曾經提過法蘭絨滴濾會還原刺激的苦味。在日本，法蘭絨滴濾法持續保有一定的地位，這是因為這種萃取技巧能夠使深度烘焙咖啡變好喝。

法蘭絨滴濾法的功用，首先是以泡沫吸收並減弱咖啡成分中的「苦澀味」。泡沫在這裡的角色成了「脫墨劑」。

另外，降低熱水溫度，盡量避免跑出雜味，這也是深度烘焙派的技巧之一。降低溫度，盡量提高萃取液的濃度。如此一來，即使是老豆咖啡，也能夠避免味道單調呆板。日本的法蘭絨滴濾文化，與日本的生豆歷史一同進化。

圖表 29　萃取工具與流出速度

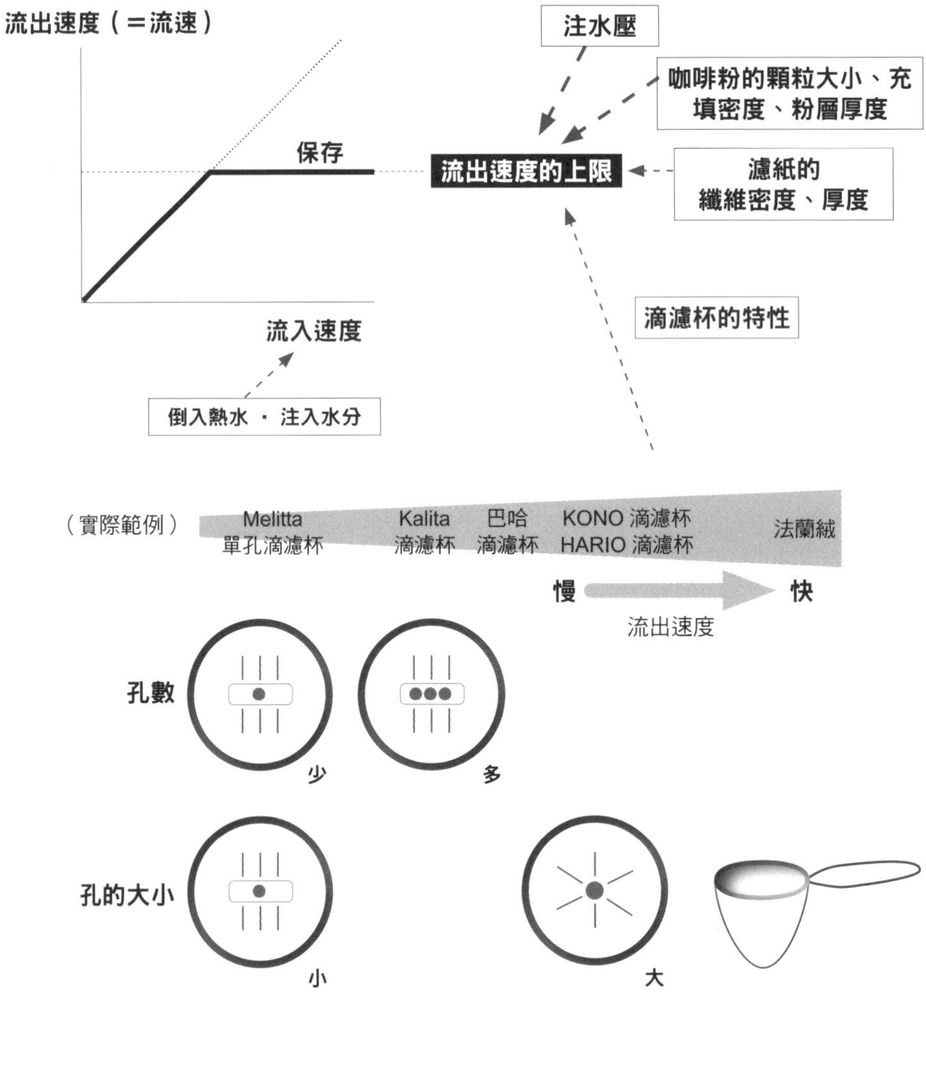

滴濾杯也會因為孔數、孔穴大小、溝槽深淺等的差異，而影響咖啡液流出的速度。再加上咖啡粉顆粒大小、濾紙的纖維密度等，使得情況更加複雜。

旦部先生說過，也可以是萃取到一半先停止，避免萃取出不好的成分。萃取過程的後半段會產生不好的澀味和苦味，因此萃取時，得到預定分量的一半時就可以停止萃取，然後在這個濃縮精華咖啡液裡加入熱水飲用。這種做法很合理，如果使用的咖啡豆雜味較多，也能夠發揮絕佳效果。

●日本的單孔滴濾杯也改變了

日本光是一個滴濾式萃取法就有許多不同論點，不過其中存在著一個共通的想法，就是：

「去除雜質，避免雜質產生。這種想法已經近乎病態的執著。這種想法大致上出現於『深度烘焙法蘭絨滴濾派』上，田口先生雖然說過，只要豆子品質夠好就沒問題，但是，即使是濾紙滴濾萃取，他也將『不讓泡沫落下』列入條件，因此基本上屬於同樣的立場吧。日本以外的國家對於『萃取理論』往往不是太在意，文獻中頂多只有提到『不要煮過頭』等等注意事項。去除咖啡雜質這個想法，或許還沒有成為他們的習慣吧。」

旦部先生會這麼說。可能是受到日本的「重視『味道』而非香氣」觀念的影響。

回到正題，接下來談談日本人最熟悉的濾紙滴濾法。追溯滴濾式萃取法的起源，可回溯到十八世紀左右法國人德貝羅瓦發明的滴濾壺；到了一九〇八年，經由德國的美利塔夫人（Melitta Bentz，舊譯梅麗塔）改良，而有了現在的濾紙滴濾杯。

我會踏上自家烘焙之路，是因為對德國烘焙業者Eduscho（現在已經與另一家烘焙業者Tchibo合併）的德式烘焙（German Roast）一見鍾情，因此對於德國的咖啡有著超乎一般人的情感。然而針對濾紙滴濾杯誕生於盛行中深度烘焙，又稱作德式烘焙，的國家也實在感到興味十足。

既然如此，巴哈咖啡館是以這種萃取法當做範本嗎？也不是。

Melitta單孔滴濾杯的萃取方式，是在滴濾杯裡一次注入所有人要喝的熱水分量後萃取咖啡液，不太講究注水過程，與日本這種少量分批注水的做法完全不同。咖啡液萃取自大量的熱水裡，因此與其

圖表 30　萃取工具與味道的關係

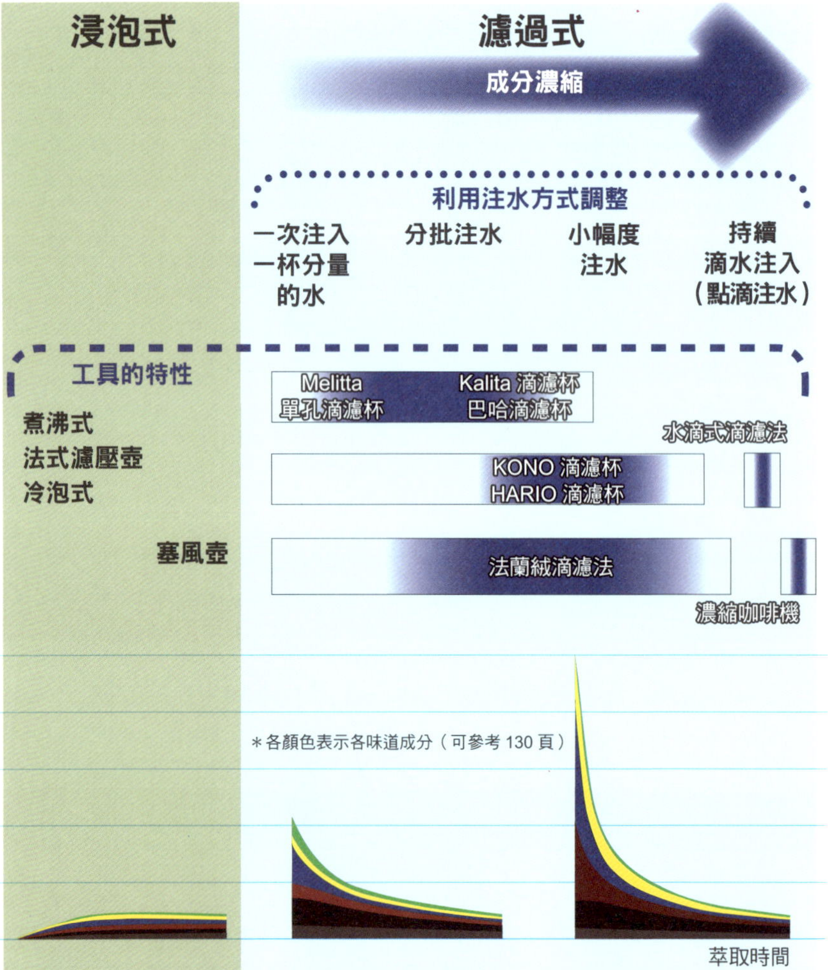

- 整體而言，萃取效率低。
- 容易溶出的成分一如預期溶出。
- 味道的平衡傾向於強調酸味或清澈鮮明苦味。
- 較不易失敗。

- 徹底引出咖啡的苦味，同時酸味也達成平衡。
- 因為太完美，因此一旦味道失去平衡，就會產生很大的誤差。

- 容易溶出的成分與不易溶出的成分相對來說增加較少，介於兩者之間的成分變濃。
- 味道的平衡傾向於強調咖啡、義式濃縮咖啡的苦味。
- 失誤相對較少。

※ 各萃取工具無法清楚劃分為「浸泡式」或「濾過式」，只能知道每個工具會煮出哪種味道。
※ 咖啡粉用量和研磨方式統一時的簡單模擬結果。塞風壺咖啡的風味會受到濾過的影響。

說是「濾過式」，更像是「浸泡式」。

Melitta 單孔滴濾杯上只有一個孔，熱水一次注入，容易發生出水堵塞的情況，不適合用於淺度烘焙的咖啡上，比較適合用在中深度烘焙的德式烘焙或烘焙程度更深的咖啡。

德國 Melitta 單孔滴濾杯內側有個記號，是熱水注入的標記，但是日本 Melitta 單孔滴濾杯是在盛接萃取液的咖啡壺上才有標示分量的刻度。德國的做法是熱水要一次全部注入，然後攪拌一下即可。相反地，日本的做法則是從上方一點一點少量分批注水，因此常會弄不清楚究竟倒入多少熱水，所以才會在承接的咖啡壺上標示萃取量刻度。

熱水一次倒入的德國做法，煮出來的咖啡味道清爽又順口。相反地，日本的做法煮出來的咖啡則是濃郁又醇厚。美國現在流行的是原始的德國做法──「熱水一次注入，長時間萃取」。但是只要熱水沉積，就一定會產生雜味。

●日本的滴濾杯在美國大受歡迎

日本不流行 Melitta 單孔滴濾杯，比較流行三孔的「Kalita 滴濾杯」，因為 Kalita 能夠利用滴濾杯的孔數調整熱水流量。歐美的滴濾杯則沒有。

而我為什麼不使用 Melitta 單孔滴濾杯，其實是有原因的。過去，歐美的烘焙度幾乎統一，美國是輕度烘焙或肉桂烘焙，義大利是義式烘焙，德國則是德式烘焙。

但是日本不同，有淺度烘焙，也有中度烘焙、深度烘焙。若只使用單一工具對應這些烘焙度，自然只能選擇孔數多的 Kalita 滴濾杯控制流量了。

「Melitta 滴濾杯早期也是金屬製，底下開了許多孔，不過因為孔太小，熱水流出來的速度慢。只有一個孔的咖啡液流出情況也不佳，無論如何都無法提昇萃取速度。畢竟 Melitta 滴濾杯一開始開發時是採用『浸泡』的方式，因此有這種情況也是理所當然。」（日部）

提到濾紙滴濾杯也有許多種樣式。Melitta、Kalita、KONO、HARIO V60，而我店裡使用的是名為「Three For」的滴濾杯（三洋產業製造）。

「Three For」有單孔與雙孔的款式，孔徑約較Kalita的四公釐大兩公釐。孔長約九公釐。因此咖啡液可順暢流出；流出順暢，自然會帶給咖啡味道正面的影響。

我們能夠控制的只有注入熱水的速度而已。巴哈咖啡館使用的滴濾杯是二〇〇毫升，水大約十～十一秒就能流出。其他如Melitta單孔滴濾杯約十五秒，Kalita的波浪滴濾杯約費時三十秒。

這只是我個人的想法，不過巴哈咖啡館的「Three For」感覺上較能夠萃取出美味的成分。即使熱水量變少，咖啡液流出的速度還是不變，也就是少有「沉積」現象發生。

「日本的濾紙滴濾杯大多都類似法蘭絨滴濾法的原理。七〇年代開發的KONO圓錐滴濾杯就是其代表，為了讓注入的熱水能夠盡量通過厚厚的咖啡粉層，因此滴濾杯的角度設計較陡，為了讓熱水快速通過，因此內側溝槽（註1）較深。另外，為了讓萃取液順利流出，出口也設計較寬。後來的HARIO V60開發宗旨幾乎也相同。」（旦部）

這個HARIO製造的V60等相當受到美國「第三波」核心人士的歡迎，只能說這個世界很有趣。旦部先生這樣諷刺道：

「對於最近的美國人來說，塞風壺、圓錐滴濾杯是來自日本的『珍奇玩具』。比方說，他們會在HARIO V60圓錐滴濾杯裡注入熱水後，攪拌一下咖啡粉，萃取出咖啡液。這個工具原本是日本針對KONO滴濾杯與法蘭絨濾布進行改良，避免雜質和雜味跑出來而開發，目的在引出並濃縮美味與醇厚。因此一看到對此毫無概念的他們（美國人）亂用，我忍不住心想：『既然這樣，何不一開始就使用其他工具呢？』這就是所謂的『自由發揮』嗎？」

順帶一提，在「第三波」中，利用「手沖」方式萃取咖啡的人，多半都是偏好「中度烘焙」咖啡。烘焙到第二次爆裂開始之前停止，烘焙度不深，因此咖啡豆內部的海綿孔洞很小，密度也高，再加上二氧化碳氣體產生得不多，採用滴濾法萃取咖啡液的話，咖啡粉會重重往下沉澱，所以不得不以杓子攪拌。

無論哪個時代，總會有人使用手邊現有的東西，嘗試不同於過去的做法。在日本也有人用法蘭絨濾布萃取淺度烘焙咖啡。這些新嘗試不見得每次都會成功，幾乎都會逐漸淘汰，不過這也是創新的動力來源。

●「悶蒸」的意義深遠

一般認為日本多半採用畫圈的點滴注水方式萃取，不過並非所有店家都是如此。在我店裡的中心思想是「畫圈派」，也主張「慢速萃取」，但不採用一滴滴耗時萃取的點滴方式。

原因是點滴注水的萃取方式很花時間，因此會連同不好的焦味、澀味等不討喜的成分也萃取出來。且澀味等直到最後還是會持續出現（可參考142頁），因此並非萃取速度慢就是好。

我不斷提醒在烘焙時要避免澀味產生，也是因為「澀味」會跟隨咖啡直到最後。所以烘焙很重要。

這裡談談注入熱水時的重點。第一點是「悶蒸」。你或許無法理解美國人隨便注入熱水後，用杓子攪拌的「自由發揮」創意，因為我們日本人在烘焙時會進行「蒸焙」，在萃取時也會「悶蒸」。

什麼是萃取時的「悶蒸」？咖啡粉裝入滴濾杯裡抹平後，開始第一次注水。此時是輕輕注水，將極少量的熱水「擺」在粉面上。於是粉面會隆起呈現漢堡排的形狀。到此停止注水，等待約三十秒。等著這個少量熱水滲入所有咖啡粉的過程，就稱為「悶蒸」。

「悶蒸的最大目的是『確保熱水在咖啡粉裡的通道暢通』。熱水完全滲入粉裡，使原本有許多氣孔的咖啡粉膨脹，變成『氣孔張開』的狀態，幫助熱水進入咖啡粉內部，同時進行預熱。利用這種方式才能夠達成效率良好的萃取。悶蒸時的注水，就像是把熱水『擺在咖啡粉表面』。這是最精準的形容。」（旦部）

因此手沖壺的壺口粗細就顯得很重要。用普通茶壺很難細細注入熱水。這就是鶴口狀手沖壺誕生的原因。

悶蒸還有另一個目的。悶蒸時流出的數滴萃取液正是咖啡的精華。

「在這個濃郁的萃取液裡，主要是深度烘焙型苦味的成分。因此，如果你想要煮出苦味強烈又醇厚的咖啡，拉長悶蒸時間也是一個方法。」（旦部）

●原理類似注射針筒的萃取工具「愛樂壓」

雖然濾紙滴濾是模仿法蘭絨滴濾法而誕生，但是法蘭絨滴濾法絕非萬能。問題在於使用法蘭絨濾布必須要具備熟練的技巧。

法蘭絨滴濾法缺乏穩定性。也就是說味道難以重現。如此一來，也很難與他人分享技術。

前面提過，滴濾法是利用泡沫吸附雜質，不過法蘭絨濾布會連油脂裡的香氣也吸附在泡沫上。

我使用法蘭絨濾布大約七年，所以再清楚不過，尤其是剛買來的法蘭絨濾布甚至會吸附香氣。因此若用舊的法蘭絨濾布萃取咖啡，香味反而會更豐富。

所謂缺乏穩定性，一方面也與熟練程度有關，不過法蘭絨濾布用久了，咖啡粉會卡在網眼上，影響熱水的流速。

相對來說，濾紙是用完就丟，因此只要選擇同樣紙質的商品，隨時都能夠煮出味道穩定的咖啡。再加上無須清理的優點，所以整體來說是濾紙的表現較為優異。

在泡沫（雜質）的吸附表現上，其他萃取工具又是如何呢？前面已經提過「濃縮咖啡機」與泡沫的關係，泡沫（Crema）對於濃縮咖啡而言很重要，主要是因為雜質會溶入咖啡液裡，只要沒有起泡就難以入口。

「土耳其咖啡壺」也屬於同樣情況，因此避免泡沫消失很重要，而沒有泡沫時難以入口這點，也與濃縮咖啡一樣。

以「保留完整成分」為廣告詞的「濾壓壺」又是如何呢？使用濾壓壺，的確無論好壞成分都保留在咖啡液裡了。喝一口會覺得黏滑、香氣佳，因為裡頭細粉多，容易附著油脂，因此香氣溶入其中。容易產生香氣也是基於這個原因。

「濾壓壺不產生泡沫，因此無論如何都會有雜味。與在日本不斷進化的滴濾式萃取法相比，濾壓壺給人有些粗糙、不夠精製的印象。」（日部）

以茶來打比方的話，濾壓壺萃取出的咖啡液大概就像「抹茶」，而滴濾杯萃取則像「茶葉沖泡出來的茶湯」。

日本人重視舌頭與喉嚨的觸感，因此不習慣整個咖啡粉混在液體裡的感覺。或許就是因為如此，固然濾壓壺很簡便，卻不是太普遍。

另外，最近受到矚目的是「愛樂壓」這種萃取工具。將咖啡粉放入類似粗針筒的筒子裡，原理就像打針一樣，利用活塞把熱水推出去，讓熱水通過咖啡粉。按照旦部先生的說法，這是「不使用蒸氣壓力的人力濃縮咖啡機」。

「原理是濾過式濃縮，因此從萃取工具的角度來說，應該適合使用深度烘焙咖啡。不過愛樂壓沒有減少泡沫或其他雜質的構造，這部分讓人有點擔心。實際試喝之後，果然會感覺雜質跑進咖啡裡了。但我認為這只能算是個人喜好的問題。」（旦部）

到此，我們已經談完不同萃取工具的味道與香氣差異。

譯註：科隆現象（Galapagosization）。又名加拉巴哥現象。日本商業用語，指日本在孤立的環境下進行認為適合自己的開發，因此喪失了與其他地區的互換性，最終陷入被淘汰的危險。例如：日本的手機。

註1：溝槽（Rib）。原意是肋骨或田地的田埂，也就是滴濾杯內側像田埂一樣凹凸不平的部分。這個部分的作用是排出滴濾杯與濾紙之間的空氣。

3-3 不同的萃取溫度所造成的味道、香氣差異

●日本人熱愛瘋狂的世界

說到這裡，不禁要重新認識一下日本人具備的「科隆現象」素質。烘焙如此，研磨如此，萃取更是如此。無論在哪一個步驟上，我們絕不偷懶，並且花心思在找尋更好的方法。

這種態度說是守規矩也好，或是有活力也好。我們在追求終極美味的世界裡，也建立了罕見的「美食世界」，然後這一切現在都成了很「酷」的日本文化，流行於世界各地。

再沒有哪個國家的民眾像日本人一樣口沫橫飛地討論點滴注水萃取、濾杯的角度、濾杯溝槽的深度幾公釐，諸如此類。

在外國人看來，「咖啡宅」、「咖啡痴」等形容詞或許正適合日本人的瘋狂。

但是，不能否認的，正是因為有這一批瘋狂的人，文化才能夠變得更有深度、更廣闊。

回歸正題。討論完萃取工具之後，接著就要看看不同的「萃取溫度」會帶給味道和香氣什麼樣的影響。會認真利用「溫差」萃取的，只有日本人了。美國人幾乎想也不想，只要熱水一煮滾，就往濾杯上頭倒下去，快速滴濾出咖啡。他們甚至不曾想過不同的溫度會煮出不同的味道。不管是濃縮咖啡機或是摩卡壺，歐美人的想法都是「用高溫熱水盡量引出所有咖啡成分」，簡單明瞭。

●「從前的咖啡比較好喝」是謊言

「發展出低溫萃取咖啡的想法，也是日本獨有。這是有原因的。因為戰後那段時期，日本很貧窮，買不起優質咖啡豆。品質不好的咖啡豆要怎麼處理才好喝？日本咖啡界人士為此拚命想辦法。說

起來講究烘焙和萃取也是基於這一點。前面已經提過，因為生豆品質差，才會傾向使用深度烘焙。這類深度烘焙咖啡豆經過高溫萃取後，會跑出很多雜味，因此前輩們考慮改以低溫萃取的方式。他們從經驗中得知這種方式較不易產生雜味。」（旦部）

旦部先生表示，萃取溫度的問題，在昔日的日本生豆環境來說，難以想像。我試著整理之後，得到以下法則。使用劣質生豆時：

◆熱水溫度高→容易產生雜味。

◆熱水溫度低→不易產生雜味。

「從物質的溶解度來看，有多少物質能夠溶入水中，端視物質而不同。一般來說，物質在高溫環境較容易溶解，但是也有例外。生石灰（氫氧化鈣）等就是例外，它在低溫環境下較容易溶解。換到咖啡的情況，又是如何呢？整體來說，溫度上升的話較容易溶解。但也容易產生雜味。另外，有些成分在超過某個溫度之後，就會一口氣溶解。」（旦部）

從我的經驗來看，過去的咖啡生豆品質很差。從前無法想像的優質咖啡豆，現在已經能夠輕鬆買到。感覺恍若隔世。

另一方面，也聽到有人懷舊地說：「從前的咖啡比較好喝。咖啡豆比較有個性。」我認為這只是美化回憶的緣故。

談到生豆品質的話，我可以說得決絕：「今昔差異一目了然。」

●巴哈咖啡館的咖啡豆膨脹了

另外還有一項法則：

◆深度烘焙咖啡→低溫萃取。

◆淺度烘焙咖啡→高溫萃取。

這裡要談談我店裡所採用的萃取方式，事實上剛開始投入自家烘焙時，我使用的萃取溫度遠比現在更高。當時使用的平均溫度是八十七～八十八℃。

現在又是如何呢？深度烘焙約是八十℃，淺度烘焙約是八十五℃，所以平均是八十二～八十三℃。也就是降低了五℃。

圖表 31　萃取溫度與味道的關係

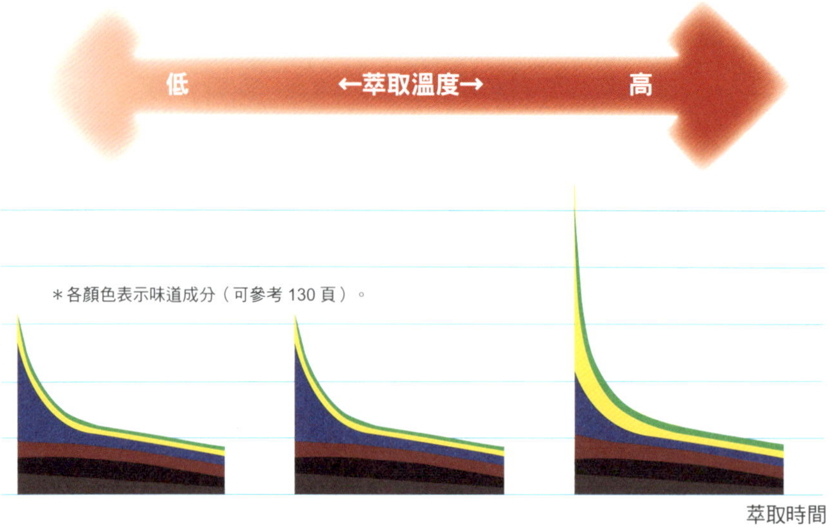

- 成分的整體萃取量偏低。
- 不易產生淺度～中度烘焙型的苦味，苦味的平衡改變。

（中央是說明的基準）

- 引出完整的咖啡苦味，同時也達到與酸味的平衡。

- 成分的整體萃取量增加。
- 容易產生淺度～中度烘焙型的咖啡苦味。
- 苦澀味也大增，往往造成產生過多苦味。
- 溶出使得油脂含量也大幅增加。

※ 咖啡粉採用相同研磨方式時的簡單模擬結果。

原因在於烘焙的差異，因為「在烘焙時咖啡豆充分膨脹」了。膨脹的咖啡豆細胞變大，因此也較容易萃取成分。

也就是說，在烘焙時咖啡豆已經充分膨脹，所以使用較低的溫度也很容易萃取出成分。咖啡豆能夠充分膨脹，大概是因為烘焙機由直火式改為半熱風式，然後還進一步改用新款式的緣故。數據顯示，熱風式烘焙機能夠讓咖啡豆充分膨脹。另外也是因為烘焙機經過改良，在技術層面也一併提昇了。

「在歐美的文獻中曾提到，歷史上有一段時期認為九十二～九十三℃是最適當的萃取溫度。戰後那個時代也是高溫萃取盛行的時代。過去的文獻中也提到要調整熱水量和溫度，並觀察咖啡豆膨脹的情況。」（日部）

據說咖啡因等的溶解度在超過八十℃之後就會迅速提昇。溫度愈高愈容易溶解，不過若是咖啡中所含的咖啡因含量的話，大概使用冷水也可以全部溶解出來。

前面已經提過，「苦味」大致上可分為兩類，①是綠原酸內酯類（咖啡應有的苦味），②是乙烯兒茶酚聚合物（義式濃縮咖啡的苦味），不過①只能夠溶解在熱水裡，②則是冷水也能夠溶出。

「淺度烘焙最好利用高溫萃取，這是因為苦味的核心成分（內酯類）適合高溫。相反地，深度烘焙的苦味核心成分（乙烯兒茶酚）也能夠溶於冷水，因此可採用低溫萃取。冰咖啡的情況也相同，冰滴咖啡的話，選擇深度烘焙咖啡豆更能夠得到扎實的苦味。淺度烘焙豆的話，苦味不明顯。不同類型的苦味也有不同的溶出方式。」（日部）

●濾壓壺的優點在於豐富的油脂感

既然提到熱水溫度，測量哪裡的溫度就成了問題。多數人是測量萃取液的溫度，不過照理說應該測量的是滴濾杯中的咖啡粉溫度。但是，即使是滴濾杯裡，不同位置的溫度也不盡相同，因此溫度最好當作參考即可。

舉例來說，以自己的萃取方式溫度為準，若是希望「味道再強烈一些」，就稍微調高熱水溫度；覺得「似乎有雜味」，就降低熱水溫度。

我提到八十二~八十三℃很適合，也許有人就囫圇吞棗相信了。即使是八十二℃，也並非從第一滴到最後一滴都維持在八十二℃。比方說，假如使用剛烘焙好的咖啡豆，萃取的水溫就要比平常低五℃；因為此時咖啡豆正在旺盛的釋出二氧化碳氣體，適合較低的水溫。

參加SCAA（美國精品咖啡協會）杯測講習時，規約中提到，四〇〇公克生豆要在八~十二分鐘之內烘焙到#55的烘焙度，並且在八~二十四小時之內進行杯測。

剛烘焙完畢的咖啡豆會釋出二氧化碳氣體，香氣也會逐漸流失。因此，想要看出咖啡豆個性最好是在烘焙完畢當下。精品咖啡的杯測審查採用的是較淺的烘焙度，因為淺度烘焙產生的二氧化碳氣體較少，香氣較不會流失。淺度烘焙派重視香氣也是因為這個緣故。

塞風壺與濃縮咖啡機無法調節溫度，所以會受到熱水溫度影響的只有使用滴濾杯與濾壓壺萃取的情況。

這裡稍微談談濾壓壺。這種萃取方式是十九世紀後期法國開發出來，在戰後的五〇~六〇年代盛行於法國，普及程度甚至是一家一台，因此有了「法式濾壓壺（法國壓）」的名稱。

美國是在九〇年代後期，也就是所謂「第三波」時開始流行，並且受到「淺度烘焙精品咖啡派」的支持，藉此與星巴克的「深度烘焙義式濃縮咖啡」區隔。

與濃縮咖啡機一樣能夠一次煮出一杯這點也受到好評。順便補充一點，長久以來在美國只要提到滴濾法，指的不是一次煮出一杯，而是一次大量萃取。

這個美國的新風潮也影響到日本，二〇〇〇年左右興起「咖啡風潮」時，更是在精品咖啡支持派之間廣為採納。

我始終不習慣這個容易混入細粉的萃取方式，不過像旦部先生這樣的科學家，冷靜分析了濾壓壺的優缺點。

「濾壓壺是浸泡式萃取工具的代表，優點是簡便且容易煮出味道穩定的咖啡。另外也容易調節溫度，油脂的萃取量比濾紙更多，不過這一點是好是壞見仁見智。喜歡淺度烘焙咖啡的人應該認為這是優點。」（旦部）

油脂的萃取量遠比濾紙萃取更多，這一點有科學數據背書。雖然沒有土耳其咖啡壺、濃縮咖啡機的油脂含量多，不過有些咖啡會因此喝起來有「黏稠的口感」。

「九〇年代之後，美國導入濾壓壺的店家多半屬於淺度烘焙派，也經常強調油脂的重要性。日本的濾壓壺支持者大概也有同樣想法吧。」

旦部先生如此分析道。油脂的萃取量原本與「苦澀味（雜質）」的萃取量幾乎成正比，因此不適合用於深度烘焙咖啡。

「因此，對於想要替成分未經濃縮、味道淡而好入口的咖啡增加油脂萃取量的人來說，濾壓壺正是最適合的萃取工具。而對於偏好淺度烘焙的精品咖啡派人士而言，選擇濾壓壺我想應該也是不錯的選擇。」（旦部）

前面已經提過，濾壓壺的缺點就是容易產生細粉，以及沒有濃度。然後也較容易出現雜味（雜質）。

容易產生雜質與容易出油是一體兩面，只要對於這一點有心理準備，濾壓壺就是簡單又好用的工具。

●為咖啡的世界帶來更多光明！

那麼接下來談談，萃取溫度與「酸味」又有什麼關係呢？旦部先生表示沒有直接關係。不過，溫度不同會造成味道的感覺不同，這點必須注意。

「以葡萄酒來說，酸裡存在乳酸與蘋果酸，乳酸在低溫時不易感覺，蘋果酸在低溫時也能夠感覺到。因此，乳酸類的葡萄酒冰過再喝，能夠降低酸味，感覺順口。日本酒在不同溫度下的感覺也不同，比方說，檸檬酸在十℃（暫時冷藏）是『清爽乾淨的酸味』，二十℃（室溫）則是『單調模糊的酸味』，到了四十三℃，也就是熱酒的溫度時，感覺就會變成『柔軟溫和的酸味』。目前還沒有針對咖啡進行研究，不過若是以檸檬酸、醋酸、奎寧酸為對象的話，應該能夠掌握大致上的感覺。」（旦部）

科學家果然很確實，沒有得到結果不罷休。畢竟旦部先生是人氣部落格「百珈苑」的格主。或許瘋狂投入的世界才能夠找到心靈的平靜。多虧有這樣難能可貴的朋友，科學的光芒才得以照亮咖啡的世界。本人樂見其成。

Antony Wild
《コーヒーの真実－世界中を虜にした嗜好品の歴史と現在》
白揚社；2007

Oxfam International
《コーヒーの危機－作られる貧困》
筑波書房；2003

William Harrison Ukers
All About Coffee, 2nd ed.
Tea and Coffee Trade Journal Co; NY: 1935

Ivon Flament
Coffee Flavor Chemistry
John Wiley & Sons, Ltd; Chichester, West Sussex, UK: 2002

Ronald James Clarke, Otto Georf Vitzthum (eds.)
Coffee: Recent developments
Blackwell-Science Ltd; Oxford, UK: 2001

Jean Nicolas Wintgens (ed.)
Coffee: Growing, Proccessing, Sustainable Production
Wiley-VCH Verlag GmbH & Co. KGaA; Weinheim, Germany: 2009

Kenneth Davids
Coffee: A Guild to Buying, Brewing, and Enjoying St Martin's Press, NY: 2001

Jyoti Prakash Thmang, Kasipathy Kailasapathy. (eds.)
Fermental foods and beverages of the world
CRC Press, NY: 2010

Merry White
Coffee Life in Japan
University of California Press Berkeley, CA, USA: 2012

杉山久仁子
「炭火焼きがおいしい理由」
《伝熱》(2009) Vol. 48 pp.37-40

Simone Blumberg, Oliver Frank, Thomas Hofmann
"Quantitative studies on the influence of the bean roasting parameters and hot water percolation on the concentrations of bitter compounds in coffee brew"
J. Agric. Food Chem. (2010) Vol. 58: pp. 3720-3728

Ernesto Illy, Luciano Navarini
"Neglected Food Bubbles : The Espresso Coffee Foam"
Food Biophysics (2011) Vol. 6: pp.335-348

Renato D. De Castro, Pierre Marraccini
"Cytology. Biochemistry and molecular changes during coffee fruit development"
Braz. J. Plant Physiol.(2006) Vol. 18: pp.175-199

Thierry Joët, Andréina Laffargue, Jordi Salmona, Sylvie Doulbeau, Frédéric Descroix, Benoît Bertrand, Alexandre de Kochko, Stéphane Dussert
"Metabolic pathways in tropical dicotyledonous albuminous seeds: Coffea Arabica as a case study"
New Phytologist (2009) Vol. 182: pp.146-162

Thierry Joët, Andréina Laffargue, Frédéric Descroix, Sylvie Doulbeau, Benoît Bertrand, Alexandre de Kochko, Stéphane Dussert
"Influence of environmental factors, wet processing and their interactions on the biochemical composition of green Arabica coffee beans"
Food Chemistry (2010) Vol. 118 : pp. 693-701

Eberhard Ludwig, Uwe Lipke, Ulrike Raczek, Anne Jäger
"Investigations of peptides and proteases in green coffee beans"
Eur Food Res Technol (2000) Vol. 211 : pp.111-116

Arne Glabasnia, Valérie Leloup, Federico Mora, Josef Kerler, Imre Blank
"Multiple Role of Polyphenol Chemistry in Coffee Associated with Quality Attributes"
24th International Conference on Coffee Science, ASIC, Costa Rica (2012)

Stefan Schenker
"Incestigations on the hot air roastion of coffee beans"
D. Phil thesis. No. 13620. (2000) Swiss Federal Institute of Technology (ETH), Zurich, Switzerland

Jürg Baggenstoss
"Coffee Roasting and quenching technology-Formation and stability og aroma compounds"
D. Phil thesis. No. 17696 (2008) Swiss Federal Institute of Technology (ETH), Zurich, Switzerland

Royal Society of Chemistry, "How to make a Perfect Cup of Tea", Press Release, 06/24/2003
http://www.rsc.org/pdf/pressoffice/2003/tea.pdf

Kenneth Davids, "Coffee Review"
http://www.coffeereview.com/

參考文獻

田口護
《咖啡大全》
NHK 出版，2003 年
繁體中文版由積木文化於 2004 出版

田口護
《田口護的精品咖啡大全》
NHK 出版，2011 年
繁體中文版由積木文化於 2012 出版

田口護
《プロが教えるこだわりの珈琲》
NHK 出版，2000 年

柄澤和雄、田口護
《コーヒー自家焙煎技術講座》
柴田書店，1987 年

山內秀文（編）
《Blend, No.1》
柴田書店，1982 年

小林充（編）
《特集・夏期コーヒー特訓講座》
月刊喫茶店經營，1984, 7 月號

嶋中勞
《コーヒーに憑かれた男たち》
中央公論新社，2005 年

全日本コーヒー商工組合連合会
《コーヒー検定教本》，2003 年

中林敏郎、本間清一、和田浩二、筬島豐、中林義晴
《コーヒー焙煎の化学と技術》
弘學出版，1995 年

石脇智廣
《以科學解讀咖啡的祕密》
柴田書店，2008 年
繁體中文版由積木文化於 2014 年出版

伏木亨
《コクと旨味の秘密》
新潮社，2005 年

東原和成、佐々木佳津子、伏木亨、鹿取みゆき
《においと味わいの不思議》
虹有社，2013 年

伊藤博
《コーヒー事典》
カラーブックス，1994 年

マーク・ペンダーグラスト（Mark Pendergrast）
《コーヒーの歴史》（Uncommon grounds the history of coffee and how it transformed our world）
河出書房新社，2002 年
繁體中文版《咖啡萬歲》於 2000 年由聯經出版

〈附錄 1〉烘焙溼香氣表

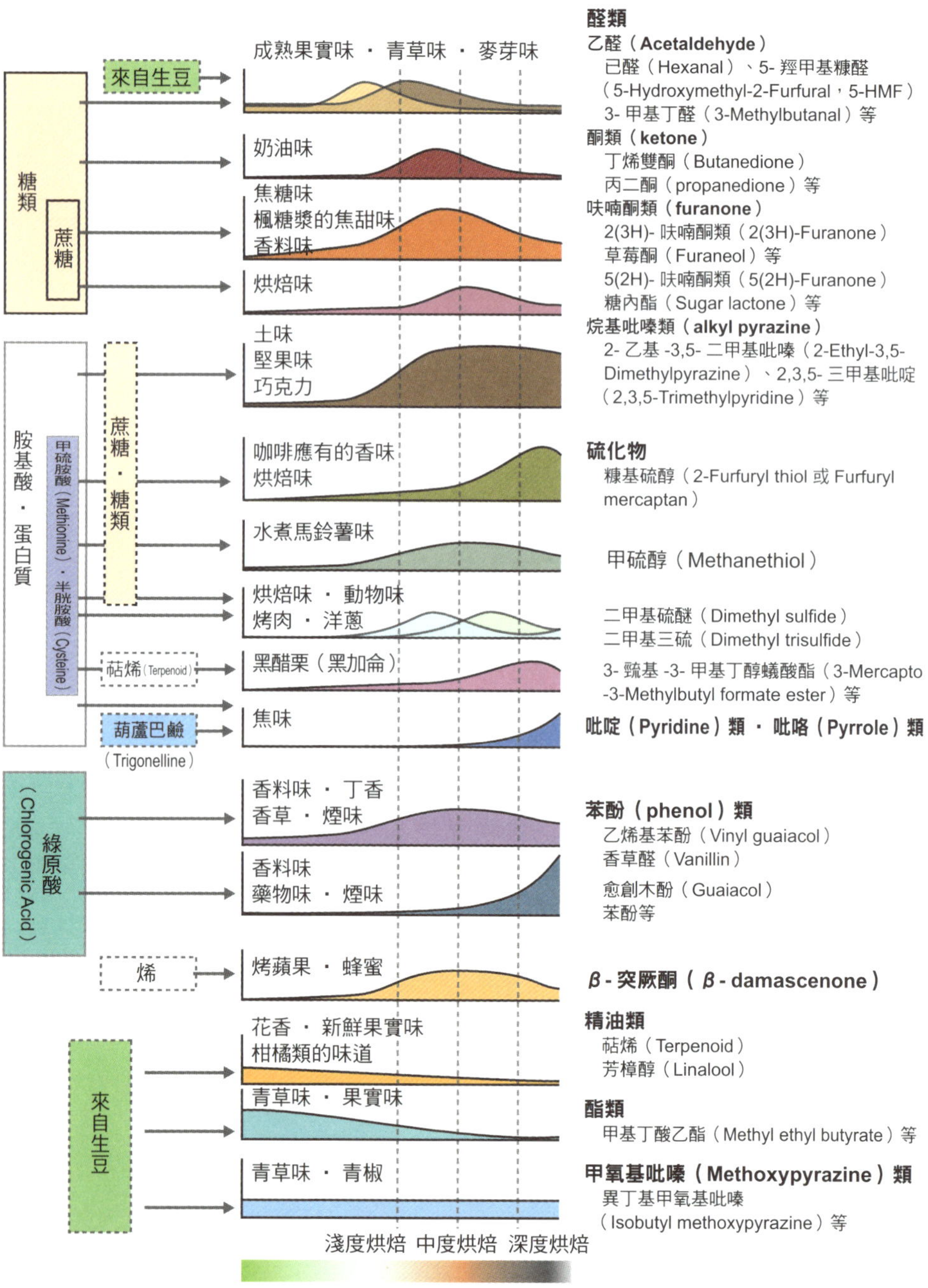
來自生豆
糖類
蔗糖
胺基酸・蛋白質
甲硫胺酸（Methionine）・半胱胺酸（Cysteine）
蔗糖・糖類
萜烯（Terpenoid）
葫蘆巴鹼
（Trigonelline）
綠原酸
（Chlorogenic Acid）
烯
來自生豆
成熟果實味 ・ 青草味 ・ 麥芽味
奶油味
焦糖味
楓糖漿的焦甜味
香料味
烘焙味
土味
堅果味
巧克力
咖啡應有的香味
烘焙味
水煮馬鈴薯味
烘焙味 ・ 動物味
烤肉 ・ 洋蔥
黑醋栗（黑加侖）
焦味
香料味 ・ 丁香
香草 ・ 煙味
香料味
藥物味 ・ 煙味
烤蘋果 ・ 蜂蜜
花香 ・ 新鮮果實味
柑橘類的味道
青草味 ・ 果實味
青草味 ・ 青椒
淺度烘焙 中度烘焙 深度烘焙
醛類
乙醛（Acetaldehyde）
已醛（Hexanal）、5- 羥甲基糠醛
（5-Hydroxymethyl-2-Furfural，5-HMF）
3- 甲基丁醛（3-Methylbutanal）等
酮類（ketone）
丁烯雙酮（Butanedione）
丙二酮（propanedione）等
呋喃酮類（furanone）
2(3H)- 呋喃酮類（2(3H)-Furanone）
草莓酮（Furaneol）等
5(2H)- 呋喃酮類（5(2H)-Furanone）
糖內酯（Sugar lactone）等
烷基吡嗪類（alkyl pyrazine）
2- 乙基 -3,5- 二甲基吡嗪（2-Ethyl-3,5-Dimethylpyrazine）、2,3,5- 三甲基吡啶（2,3,5-Trimethylpyridine）等
硫化物
糠基硫醇（2-Furfuryl thiol 或 Furfuryl mercaptan）
甲硫醇（Methanethiol）
二甲基硫醚（Dimethyl sulfide）
二甲基三硫（Dimethyl trisulfide）
3- 巰基 -3- 甲基丁醇蟻酸酯（3-Mercapto-3-Methylbutyl formate ester）等
吡啶（Pyridine）類 ・ 吡咯（Pyrrole）類
苯酚（phenol）類
乙烯基苯酚（Vinyl guaiacol）
香草醛（Vanillin）
愈創木酚（Guaiacol）
苯酚等
β- 突厥酮（β- damascenone）
精油類
萜烯（Terpenoid）
芳樟醇（Linalool）
酯類
甲基丁酸乙酯（Methyl ethyl butyrate）等
甲氧基吡嗪（Methoxypyrazine）類
異丁基甲氧基吡嗪
（Isobutyl methoxypyrazine）等

〈附錄 1〉烘焙味覺表

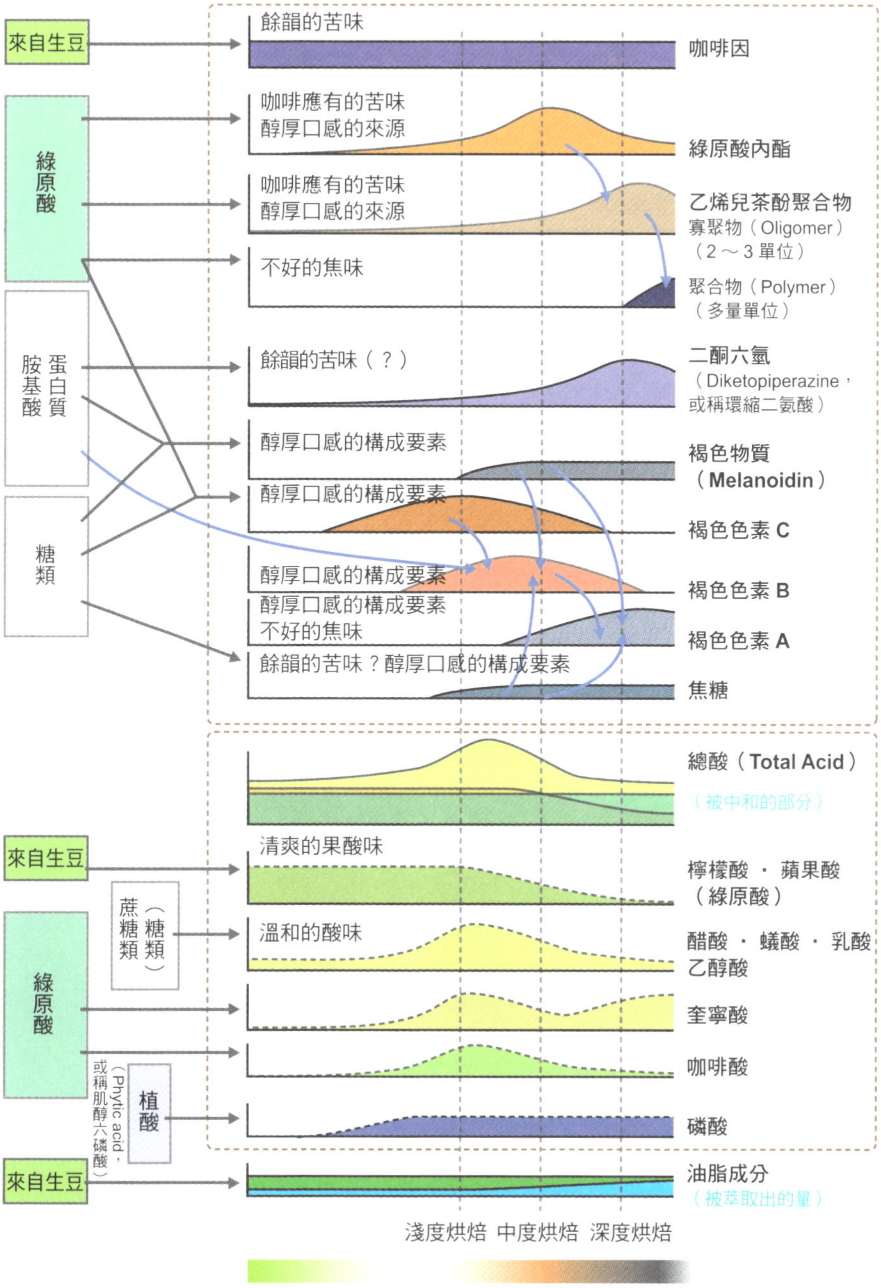
來自生豆
綠原酸
蛋白質
胺基酸
糖類
餘韻的苦味
咖啡因
咖啡應有的苦味
醇厚口感的來源
綠原酸內酯
咖啡應有的苦味
醇厚口感的來源
乙烯兒茶酚聚合物
寡聚物（Oligomer）
（2～3 單位）
不好的焦味
聚合物（Polymer）
（多量單位）
餘韻的苦味（？）
二酮六氫
（Diketopiperazine，
或稱環縮二氨酸）
醇厚口感的構成要素
褐色物質
（Melanoidin）
醇厚口感的構成要素
褐色色素 C
醇厚口感的構成要素
褐色色素 B
醇厚口感的構成要素
不好的焦味
褐色色素 A
餘韻的苦味？醇厚口感的構成要素
焦糖
總酸（Total Acid）
（被中和的部分）
來自生豆
清爽的果酸味
檸檬酸・蘋果酸
（綠原酸）
蔗糖類（糖類）
溫和的酸味
醋酸・蟻酸・乳酸
乙醇酸
綠原酸
奎寧酸
咖啡酸
植酸
（Phytic acid，或稱肌醇六磷酸）
磷酸
來自生豆
油脂成分
（被萃取出的量）
淺度烘焙 中度烘焙 深度烘焙

〈附錄 2〉

SCAA 味環

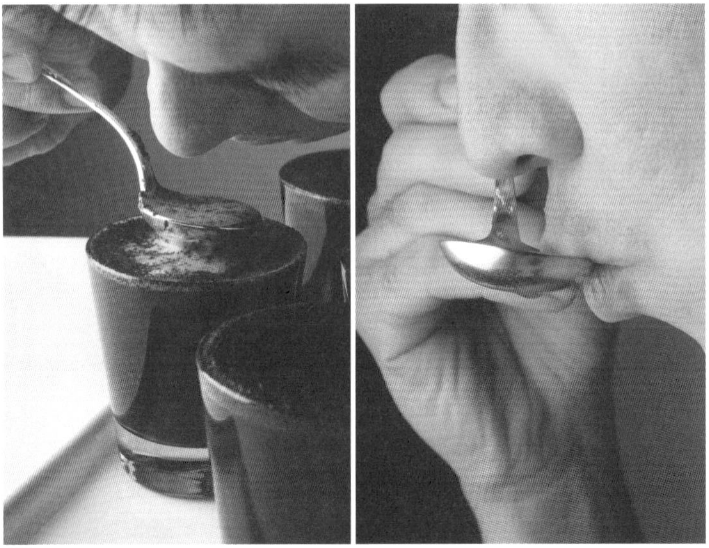

美國直到一九八〇年代為止所使用的咖啡味道與香氣相關基本用語，於一九九五年被歸納成為「味環」。當初是為了培訓 SCAA 的杯測員與後進，因此建立「共通的標準（基本用語），不過現在這張味環均貼在各咖啡生產國的莊園牆壁上，成為「全世界通用的標準」。

如圖中所示，味環是由兩個圓環所構成。右側的圓環是表現一般咖啡香味的詞庫，左側的圓環是杯測員確認瑕疵豆時使用的詞庫。對於想要成為杯測員的人來說，這兩個圓環都很重要，不過對於只是為了輕鬆品評咖啡的人來說，記住右邊的圓環就夠了。

右側圓環進一步分割成左右兩個半圓。右半圓是「香氣」用語，左半圓是「味道」用語。有趣的是「香氣」幾乎是按照烘焙時出現的順序排列，表上都是香氣的特徵，用語數量很多，種類也相當豐富。

使用的方式形形色色，不過首先利用不同種類或烘焙程度的咖啡試試，從味環上方到下方找尋香味。一般來說，淺度烘焙咖啡的「香氣要素」往往出自半圓的上半部、深度烘焙咖啡則是下半部。即使找不到完全符合的形容詞，也應該能夠找到相近的詞彙。

說明：
#1 是 P164 ～ 165、#2 是 P166 ～ 167
#3 是 P168 ～ 169、#4 是 P170 ～ 171

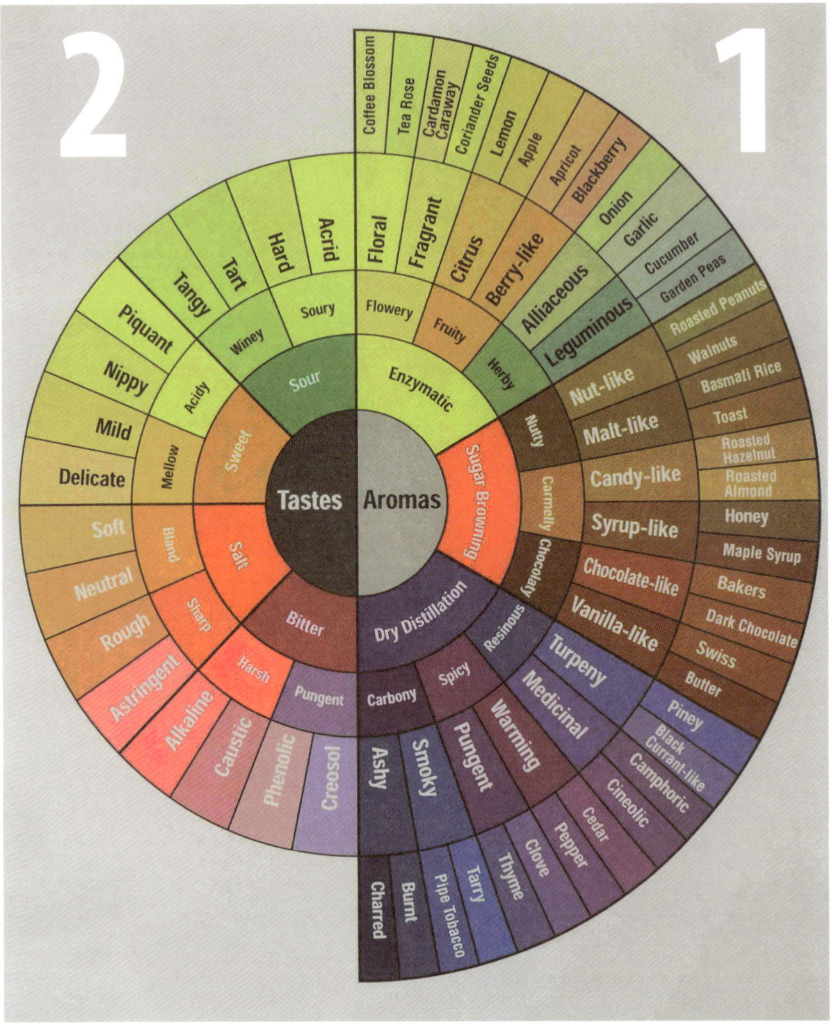

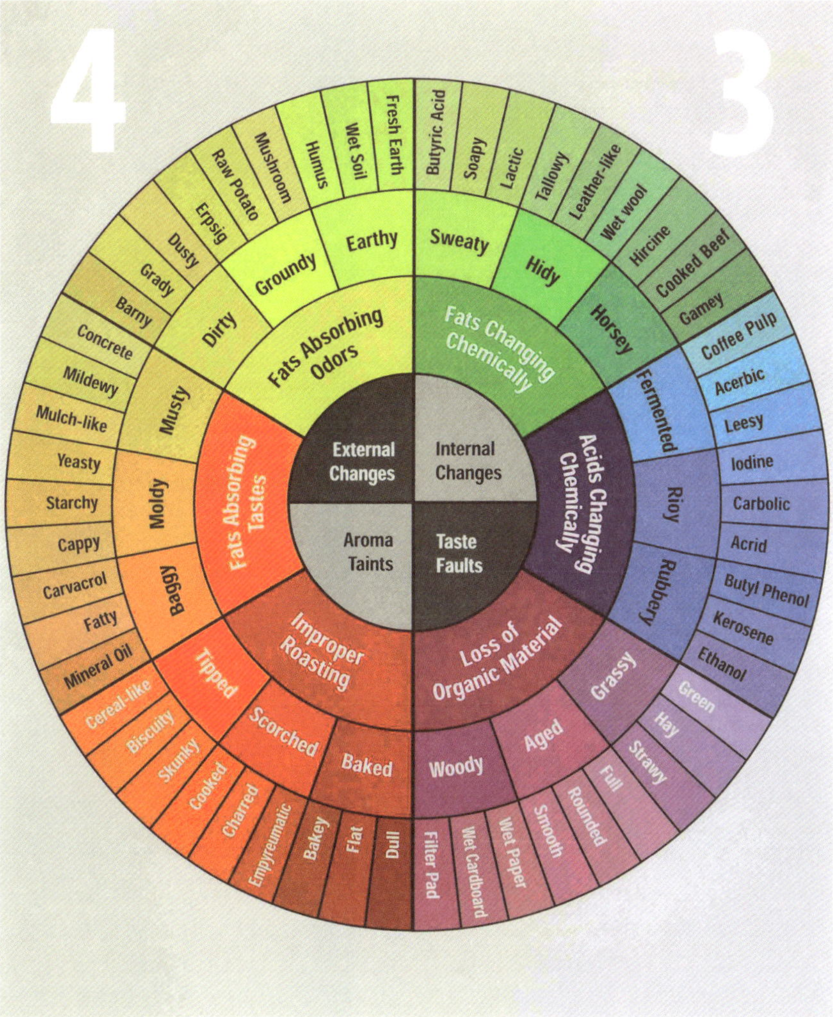
4
3
External Changes
Internal Changes
Aroma Taints
Taste Faults
Fats Absorbing Odors
Fats Changing Chemically
Acids Changing Chemically
Loss of Organic Material
Improper Roasting
Fats Absorbing Tastes
Earthy
Groundy
Dirty
Musty
Moldy
Baggy
Tipped
Scorched
Baked
Woody
Aged
Grassy
Rubbery
Rioy
Fermented
Horsey
Hidy
Sweaty
Fresh Earth
Wet Soil
Humus
Mushroom
Raw Potato
Erpsig
Dusty
Grady
Barny
Concrete
Mildewy
Mulch-like
Yeasty
Starchy
Cappy
Carvacrol
Fatty
Mineral Oil
Cereal-like
Biscuity
Skunky
Cooked
Charred
Empyreumatic
Bakey
Flat
Dull
Filter Pad
Wet Cardboard
Wet Paper
Smooth
Rounded
Full
Strawy
Hay
Green
Ethanol
Kerosene
Butyl Phenol
Acrid
Carbolic
Iodine
Leesy
Acerbic
Coffee Pulp
Gamey
Cooked Beef
Hircine
Wet wool
Leather-like
Tallowy
Lactic
Soapy
Butyric Acid

SCAA FLAVOR WHEEL…1

01 Aromas
溼香氣

02 Enzymatic
發酵生成物（植物中合成的物質＋精製過程中微生物發酵產生的物質）

03 Sugar Browning
糖類褐變反應的生成物（在烘焙初期階段產生）

04 Dry Distillation
焦化過程的生成物（烘焙最後產生煙味等階段）

05 Flowery
花香類

06 Fruity
果香類

07 Herby ※1
香草類

08 Nutty
堅果類

09 Caramelly
焦糖類

10 Chocolaty
巧克力類

11 Resinous
樹脂類

12 Spicy
香料類

13 Carbony
木炭類

14 Floral
花朵般的

15 Fragrant
芳香，濃郁香氣

16 Citrus
柑橘類

17 Berry-like
像莓類的

18 Alliaceous
像蔥的

19 Leguminous
像豆子的

20 Nut-like
像堅果的

21 Malt-like ※2
像麥芽的，像炒過的穀物

22 Candy-like
像糖果的

23 Syrup-like
像糖漿的

24 Chocolate-like
像巧克力的

25 Vanilla-like
像香草的

26 Turpeny ※3
像松脂的，像松節油的

27 Medicinal
像藥物的，藥劑味

28 Warming ※4
溫暖的

29 Pungent
刺激的

30 Smoky
煙味

31 Ashy
像灰的（碳化的煤灰）

32 Coffee Blossom
咖啡之花

33 Tea Rose
紅茶香的玫瑰（紅茶玫瑰）

34 Cardamom Caraway
荳蔻、葛縷籽

35 Coriander Seeds
芫荽籽

36 Lemon
檸檬

37 Apple
蘋果

38 Apricot
杏桃

39 Blackberry
黑莓

40 Onion
洋蔥

41 Garlic
大蒜

42 Cucumber
小黃瓜

43 Garden Peas
豌豆

44 Roasted Peanuts
烘焙花生

45 Walnuts
胡桃

46 Basmati Rice
香米（印度香米）

47 Toast
吐司

（48 之後的說明請見 166 頁）

1

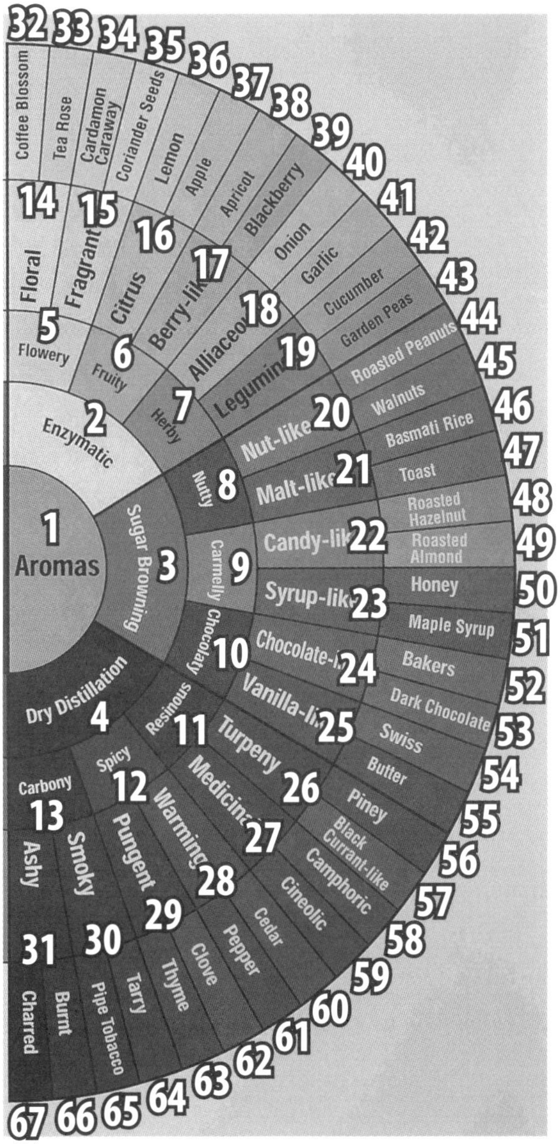

※1　Herby 是草本植物（所有未木質化的植物）的葉子或莖。
※2　麥芽是麥子發芽後，乾燥烘焙而成。
※3　松節油是松脂蒸餾而成。通常用來稀釋油畫顏料。
※4　料理用香料燒烤過的味道。

48 Roasted Hazelnuts
烘焙榛果仁

49 Roasted Almond
烘焙杏仁

50 Honey
蜂蜜

51 Maple Syrup
楓糖漿

52 Bakers ※5
Bakers 巧克力

53 Dark Chocolate
黑巧克力

54 Swiss
瑞士巧克力（牛奶巧克力）

55 Butter
奶油

56 Piney
像松樹的

57 Black Currant-like
像黑醋栗的

58 Camphoric ※6
像樟腦的

59 Cineolic ※7
像桉樹腦的

60 Cedar
西洋杉

61 Pepper
胡椒

62 Clove
丁香

63 Thyme
百里香

64 Tarry
像瀝青的

65 Pipe Tobacco
像菸絲的

66 Burnt
焦味

67 Charred
焦黑

68 Tastes
味道

69 Sour
酸味

70 Sweet
甜味

71 Salt
鹹味

72 Bitter
苦味

73 Soury
重酸味

74 Winey
葡萄酒般的酸味

75 Acidy
優質酸味

76 Mellow
滑順甘甜

77 Bland
清爽的味道

78 Sharp
尖銳刺激的味道

79 Harsh
苦澀味

80 Pungent
微辣苦味

81 Acrid
辛辣尖酸味

82 Hard
不舒服的酸味

83 Tart
刺激的酸味

84 Tangy
強酸味

85 Piquant
清爽的酸味（冷卻後有酸味）

86 Nippy
微辣的酸味（冷卻後變甜）

87 Mild
溫和的甜味

88 Delicate
微甜

89 Soft
柔和的味道

90 Neutral
中性的味道

91 Rough
多雜味

92 Astringent
澀味

93 Alkaline
鹼味（鹼苦味）

94 Caustic
強鹼味（苦澀味）

95 Phenolic
像苯酚的（煙燻苦味）

96 Creosol ※8
木焦油醇味（微辣苦味）

2

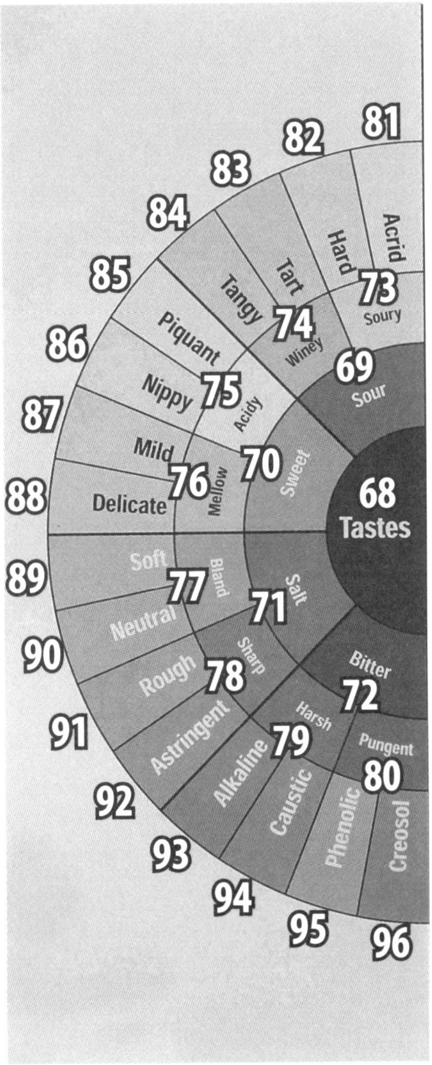

※5　「Bakers」是製作點心專用的美國知名黑巧克力品牌。
※6　樟腦自古就用於衣服防蟲劑。現在坊間仍有販售樟腦製作的和服除蟲劑。
※7　尤加利精油的香味。也就是所謂「曼秀雷敦」軟膏的味道。
※8　類似苯酚的藥劑味。

SCAA FLAVOR WHEEL…3

01 Internal Changes
豆子內部的變化

02 Taste Faults
味道的弱點與缺點

03 Fats Changing Chemically
脂質的化學變化

04 Acids Changing Chemically
酸的化學變化

05 Loss of Organic Material
有機成分的損失

06 Sweaty
像汗水的

07 Hidy ※9
像獸皮的

08 Horsey
像馬的

09 Fermented
發酵味

10 Rioy
里約味（註：里約咖啡的味道）

11 Rubbery
橡膠味

12 Grassy ※10
草味

13 Aged ※11
老舊

14 Woody ※10
木頭味

15 Butyric Acid
丁酸（汗臭味）

16 Soapy
像肥皂的

17 Lactic
像乳製品的

18 Tallowy
像獸脂的

19 Leather-Like ※9
像皮革製品的

20 Wet Wool
溼羊毛

21 Hircine
像山羊的

22 Cooked Beef
熟牛肉

23 Gamey
像野生動物的肉味

24 Coffee Pulp
像咖啡果肉的

25 Acerbic
酸的

26 Leesy
像葡萄酒粕的

27 Iodine
碘味

28 Carbolic
像石碳酸（苯酚）的

29 Acrid
辛辣尖酸味

30 Butyl Phenol
丁酚（像橡膠輪胎的）

31 Kerosene
燈油味

32 Ethanol
乙醇味

33 Green
青草味

34 Hay
乾草味

35 Strawy
像稻草的

36 Full ※11
完全成熟的

37 Rounded ※11
有銳角的

38 Smooth ※11
滑順的

39 Wet Paper
溼紙味

40 Wet Cardboard
溼紙板味

41 Filter Pad
厚濾網味

3

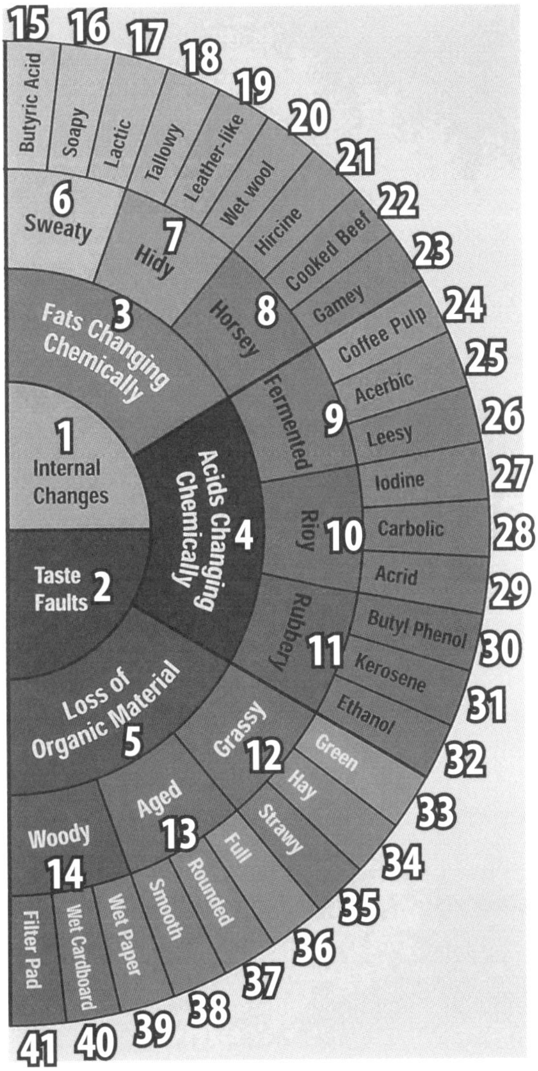

※9 Hide 是指剛剝下來、未經處理的「獸皮」，上面往往還留著毛和油脂。將「獸皮」鞣製處理後，就成了皮革（Leather）。

※10 Grassy 是草地、稻子等草本植物（單子葉），Woody 則是木本植物（木質化植物）的木頭部分。

※11 站在整個咖啡界來看，Aged 的相關形容（aged、full、rounded、smooth）不一定全是負面意思，也有人支持「老豆咖啡」、「老咖啡」。只是 SCAA 認為此種咖啡的新豆缺乏明顯的特點，因而視為缺點之一。

42 External Changes
外在因素引起的變化

43 Aroma Taints
溼香氣污染

44 Fats Absorbing Odors
脂質吸收異味

45 Fats Absorbing Tastes
脂質吸收異味

46 Improper Roasting
不適當的烘焙

47 Earthy ※12
土味

48 Groundy ※12、13
像土的味道、土味

49 Dirty ※12
土塵味、骯髒

50 Musty ※12
像發霉的味道、霉味

51 Moldy ※12
發霉的味道、霉味

52 Baggy
麻袋味

53 Tipped
摻雜焦味，豆子頂端烤焦

54 Scorched
外側烤焦

55 Baked ※14
窯烤，慢慢烘烤

56 Fresh Earth
乾淨的土味

57 Wet Soil
溼土味

58 Humus
腐殖土味

59 Mushroom
蘑菇味

60 Raw Potato
生馬鈴薯味

61 Erpsig ※15
像馬鈴薯的

62 Dusty
灰塵味

63 Grady
像院子般充滿灰塵的

64 Barny
像倉庫的

65 Concrete
混凝土味

66 Mildewy
發霉味

67 Mulch-like
像護根用的覆地稻草味

68 Yeasty
像酵母的

69 Starchy
澱粉質的

70 Cappy
像牛奶瓶蓋的

71 Carvacrol ※16
香芹酚（像牛荎油的）

72 Fatty
油膩的

73 Mineral Oil
礦物油味

74 Cereal-like
像穀麥食品的

75 Biscuity
像餅乾的

76 Skunky
惡臭味

77 Cooked
加熱烹煮過的

78 Charred
焦黑的、碳化的

79 Empyreumatic ※17
完全焦黑的、像軟質木炭的、像燃燒殘渣的

80 Bakey
像麵包一樣烤過

81 Flat
平板單調的

82 Dull
無趣的

4

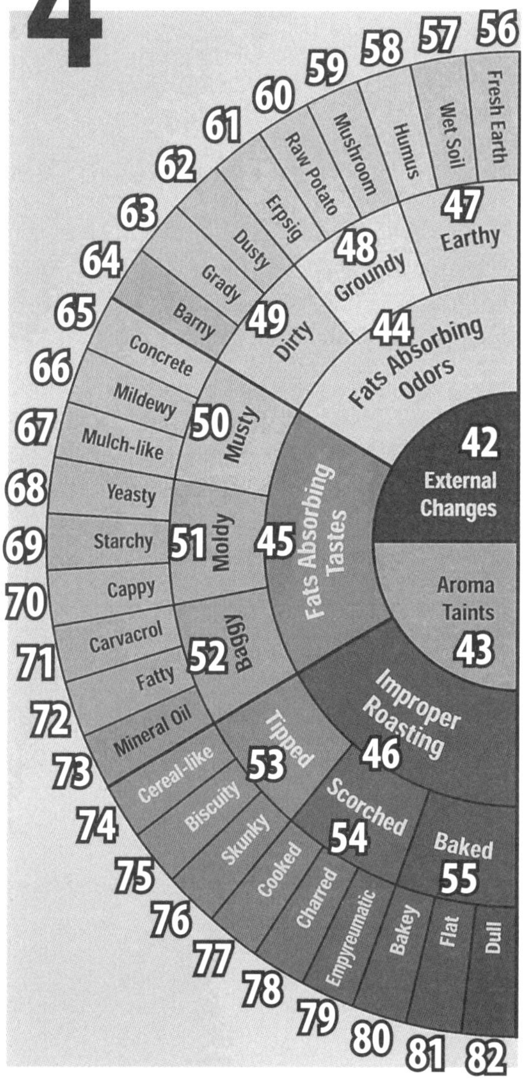

※12 Earthy － Groundy － Dirty － Musty － Moldy 可連續想像（土→像土的→土塵或沙塵→廢墟的霉味→黴菌）

※13 沾著土的蔬菜、種在泥土中蔬菜的「土味」。

※14 Baked 是指用烤箱烤麵包或蛋糕。溫度比烘焙咖啡時更低，藉此表示低溫長時間加熱。

※15 來自德國專用的杯測用語，是 SCAA 特有的用語。一般認為是由單字 Erbsig（意思是「像豆子一樣」）誤傳而來。

※16 香芹酚是牛莖與百里香中含有的精油。具有抗菌力，也當作防腐劑使用。味道涼爽，類似薄荷醇（Menthol），只是有更強烈、刺激的藥劑味。以身旁物品打比方的話，比較類似漱口水（多數漱口水之中使用類似香芹酚的百里酚）。

※17 肉類或蔬菜乾餾或直接在火上燒烤後產生的燒焦物質。類似烤肉時產生的（肉類或蔬菜的）殘渣。

VV0052Y

田口護的咖啡方程式（暢銷經典版）

咖啡之神與科學博士為你解開控制「香氣」與打造「目標味道」之謎

原 書 名　コーヒー おいしさの方程式
作　　者　田口 護（Taguchi Mamoru）、旦部 幸博（Tambe Yukihiro）
譯　　者　黃薇嬪

出　　版　積木文化
總 編 輯　江家華
責任編輯　張成慧、陳翊潔
版　　權　沈家心
行銷業務　陳紫晴、羅伃伶

發 行 人　何飛鵬
事業群總經理　謝至平
城邦文化出版事業股份有限公司
台北市南港區昆陽街16號4樓
電話：886-2-2500-0888　傳真：886-2-2500-1951
發　　行　英屬蓋曼群島商家庭傳媒股份有限公司城邦分公司
台北市南港區昆陽街16號8樓
客服專線：02-25007718；02-25007719
24小時傳真專線：02-25001990；02-25001991
服務時間：週一至週五09:30-12:00、13:30-17:00
郵撥帳號：19863813｜戶名：書虫股份有限公司
讀者服務信箱：service@readingclub.com.tw
城邦網址：http://www.cite.com.tw
香港發行所　城邦（香港）出版集團有限公司
香港九龍土瓜灣土瓜灣道86號順聯工業大廈6樓A室
電話：+852-25086231｜傳真：+852-25789337
電子信箱：hkcite@biznetvigator.com
馬新發行所　城邦（馬新）出版集團 Cite（M） Sdn Bhd
41, Jalan Radin Anum, Bandar Baru Sri Petaling, 57000 Kuala Lumpur, Malaysia.
電話：(603) 90563833｜傳真：(603) 90576622
電子信箱：services@cite.my

封面設計　郭家振
內頁排版　優士穎企業有限公司
製版印刷　上晴彩色印刷製版有限公司

城邦讀書花園
www.cite.com.tw

【印刷版】
2015年7月07日　初版一刷
2025年5月29日　三版一刷
售　價／NT$450
ISBN 978-986-459-669-0

【電子版】
2025年5月
ISBN 978-986-459-667-6 (EPUB)

Printed in Taiwan.

國家圖書館出版品預行編目(CIP)資料

田口護的咖啡方程式(暢銷經典版)/田口護, 旦部幸博著；黃薇嬪譯. -- 三版. -- 臺北市：積木文化出版：英屬蓋曼群島商家庭傳媒股份有限公司城邦分公司發行, 2025.05
面；　公分
譯自：コーヒーおいしさの方程式
ISBN 978-986-459-669-0(平裝)

1.CST: 咖啡

427.42　　114002861